ChatGPT

驱动软件开发

AI在软件研发全流程中的革新与实践

[美] 陈斌 ◎著

机械工业出版社

CHINA MACHINE PRESS

北京市版权局著作权合同登记　图字：01-2023-2675 号。

图书在版编目（CIP）数据

ChatGPT 驱动软件开发：AI 在软件研发全流程中的革新与实践 /（美）陈斌著 . —北京：机械工业出版社，2023.7（2023.12 重印）
ISBN 978-7-111-73355-3

I. ① C…　II. ①陈…　III. ①软件开发　IV. ① TP311.52

中国国家版本馆 CIP 数据核字（2023）第 107715 号

机械工业出版社（北京市百万庄大街 22 号　邮政编码 100037）
策划编辑：杨福川　　　　　　责任编辑：杨福川
责任校对：张昕妍　　王　延　　责任印制：常天培
固安县铭成印刷有限公司印刷
2023 年 12 月第 1 版第 2 次印刷
186mm×240mm · 18.25 印张 · 299 千字
标准书号：ISBN 978-7-111-73355-3
定价：99.00 元

电话服务　　　　　　　　网络服务
客服电话：010-88361066　机 工 官 网：www.cmpbook.com
　　　　　010-88379833　机 工 官 博：weibo.com/cmp1952
　　　　　010-68326294　金 书 网：www.golden-book.com
封底无防伪标均为盗版　机工教育服务网：www.cmpedu.com

几十年前，农业还主要依赖人力和畜力进行耕种和收割。随着农业技术的进步，出现了拖拉机、播种机、收割机等农业机械。这不仅大大地提高了农业生产的效率，而且随着生物技术、化肥、农药和灌溉系统等的发展，农业得到了飞速的发展。

汽车、轮船、火车和飞机的出现，彻底改变了人类的出行方式。相较于马车和帆船，这些交通工具不仅速度更快，而且搭载能力更强。交通革命不仅推动了全球范围的经济贸易发展，还加速了城市化的发展进程。坐着马车铃儿响叮当的时代已经成为只有在电影里才能看到的场面。

从电报、电话、无线电到互联网和智能手机的发展，通信技术的革命彻底改变了人类获取、传递和处理信息的方式。这些技术的出现缩短了人与人之间的距离，促进了全球化进程，也催生了新兴产业如电子商务、在线教育和远程办公。例如，我们可以通过移动应用和视频会议保持彼此之间的密切沟通，足不出户便可以通过电商平台采购四海美食，通过互联网媒体了解天下大事。

计算机技术的发展和互联网的普及，使信息处理和传输变得更加高效，极大地改变了金融、商业、教育、娱乐等领域的运作方式。数据分析、人工智能和云计算等新兴技术，也在不断地影响和改变着各个行业。例如：

❑ 随着计算机和互联网技术的发展，金融行业发生了翻天覆地的变化。电子支付、网上银行、加密货币和区块链技术的出现，使金融交易变得更加便捷和安全。此外，诸如P2P、众筹等金融科技公司，也为投资者和企业提供了新的融资渠道。

❑ 自动化、机器人和3D打印等技术的发展，使制造业的生产过程变得更加智能和高效。智能制造和工业4.0的概念为制造业带来了新的竞争力。这些技术应用不仅降低了生产成本，而且提高了产品质量和生产效率。

❑ 生物技术、遗传工程、医学影像和远程医疗等领域的进步，使医疗保健行业可以更有效地预防和治疗疾病。此外，人工智能和大数据在医疗诊断中的应用，也为疾病的早期发现和个性化治疗提供了新机会。

❑ 随着全球气候变化和环境问题的日益严重，太阳能、风能、水力发电等可再生能源技术得到了迅速发展。同时，核能、燃料电池和储能技术等的创新，也为能源产业带来了新的机遇和挑战。这些新技术不仅有助于提高能源的利用效率，还对减缓气候变化，实现经济与社会的可持续发展具有积极意义。

如今，我们正在见证人工智能技术的突破性发展。以 OpenAI 的 ChatGPT 为代表的人工智能技术，使我们有机会站在人类知识总和的巅峰上完成工作。ChatGPT 的强大文本生成能力，使我们能够在软件开发过程中迅速提高需求分析、方案设计和代码生成的效率。因此，我们需要从 ChatGPT 的新角度，重新审视软件开发过程中的需求分析、架构设计、代码实现、软件测试、系统运维和项目管理的理论与实践，认真思考如何运用人工智能的新技术创新工作方式和优化产业格局。

关于 OpenAI

OpenAI（开放人工智能研究所）成立于 2015 年，是一家位于美国旧金山市，专注于人工智能研究的公司。它主要的创始人包括著名的企业家埃隆·马斯克，知名的美国企业家、投资人、程序员、Y Combinator 前总裁山姆·奥特曼，以及从哈佛和 MIT 辍学创业并曾担任互联网支付处理平台 Stripe 的 CTO 的传奇人才格雷格·布洛克曼。

OpenAI 的使命是确保人工智能的发展符合人类的利益，能造福全人类，同时防止人工智能技术被滥用或产生危害。目标是推动人工智能技术的进步，使它能够超越现有水平，实现更智能、更人性化的应用。OpenAI 致力于开发和推广安全、透明和广泛受益的人工智能技术，以解决全球面临的重大问题，并促进人工智能在各个领域的广泛应用。为了实现这一目标，OpenAI 通过开放的研究、合作与创新，致力于推动友善的人工智能系统的发展，这一点从 OpenAI 的 Logo 设计中就能看出来。

商标中的开放式门户形象象征着 OpenAI 的开放性和全球合作的精神。它表达了 OpenAI 希望将人工智能的发展和应用开放给全世界，并与全球范围内的个人、组织和社区合作，共同推动人工智能的进步。鲜明的色彩和流动的形状传达出一种现代感和科技感，暗示着 OpenAI 致力于创造具有高智能性和先进性的人工智能技术，展现了创新和智能的特点。商标中圆润的边缘和平滑的线条给人一种安全和可信的感觉，体现了 OpenAI 对于人工智能发展中的伦理和安全问题的关注，表达了 OpenAI 致力于建立可信赖的人工智能系统，保护人类利益和社会的安全，为构建安全、可持续的人工智能的未来做出贡献。

OpenAI 持续关注人工智能领域的伦理、安全和可解释性等问题。该公司倡导人工智能的伦理准则，积极参与数据隐私、安全漏洞检测与修复等方面的研究。OpenAI 也在多个场景中关注技术偏见问题，努力提高人工智能模型的公平性、透明度和可解释性。此外，OpenAI 还关注人工智能技术与人类的协作关系，通过人工智能赋能人类来提高生产效率和工作质量。同时，OpenAI 关注人工智能对社会、经济和就业所产生的可能影响，积极推动人工智能领域的研究与创新，参与人工智能教育和技能培训，以期为构建一个更智能、公平、可持续的未来贡献力量。

GPT 简介

自成立以来，OpenAI 取得了诸多重要突破。在 2017 年，OpenAI 发布了一种强化学习算法——PPO（近端策略优化），用于解决连续控制任务和策略优化问题。OpenAI 随后还发布了人工智能指尖（AI Dactyl）系统，这是一个能够学会操纵机器人手指的系统。通过不断突破技术瓶颈，OpenAI 推动了人工智能领域的快速发展。其中最知名的便是近来名声大噪的 GPT 系列模型。GPT 是 Generative Pre-trained Transformer 的缩写，其准确的中文含义是"生成式预训练转换器"。

❑ 生成式（Generative）：模型具备生成文本的能力。

❑ 预训练（Pre-trained）：模型在大规模的语料库上进行了预先的训练。

❑ 转换器（Transformer）：模型采用了一种称为转换器的神经网络。

因此，GPT 是一种拥有强大的自然语言处理能力，以及具有革命性意义的人工智能模型。基于强大的自然语言处理和文本生成能力，GPT 已经在许多领域里实现了突破性的进展。它采用转换器的架构，利用大规模预训练和自监督学习的方法，实现了在多种任务上的泛化性能。

从 2018 年到 2023 年，每个 GPT 新版本的发布都带来了性能上的显著提升，如表 1 所示。GPT 系列模型在语义理解、文本生成、摘要、翻译等多个自然语言处理任务中表现出色，引领了人工智能研究的新方向。特别是在 GPT-3 的基础上，OpenAI 于 2023 年 3 月发布了 ChatGPT。随后，ChatGPT 进一步扩大了训练数据的规模，采用了更为先进的优化方法和算法，实现了更高的性能。在实际应用中，ChatGPT 已经成功地辅助人类完成了产品设计、软件开发、系统运维、项目管理等多种任务。

表 1　GPT 的演进历程[⊖]

GPT 版本	时间	参数量	训练数据量	特点
1	2018/06	1.17 亿	约 5GB	有限性能

⊖　http://www.enterpriseappstoday.com/stats/chatgpt-4-statistics.html。

（续）

GPT 版本	时间	参数量	训练数据量	特点
2	2019/02	15 亿	40GB	逼真生成，使用受阻
3	2020/05	1750 亿	570GB（过滤后）	零样本学习
4	2023/03	约 100 万亿	325470GB（过滤后）	泛化能力与多任务适应性强

在未来，OpenAI 将继续探索 ChatGPT 及其后续模型在各种不同行业和场景中的应用，以扩大人工智能技术的影响力。预计 ChatGPT 将在金融科技、医疗保健、教育培训、物联网、智能制造、游戏开发和娱乐产业等领域中发挥重要作用。但是，在跨领域应用时，该技术将面临挑战与机遇并存的局面。如何平衡各种需求和利益，以及解决潜在的伦理、法律和政策问题，将成为 OpenAI 未来发展的重要课题。

总之，ChatGPT 是 OpenAI 发展史上的一项重要成果，它的出现为人工智能领域带来了革命性的变化。OpenAI 不断突破技术瓶颈，推动了人工智能领域的快速发展，为未来的人工智能应用开辟了新的前景。ChatGPT 是 OpenAI 在自然语言处理领域的新突破，具有巨大的应用潜力。随着 ChatGPT 的逐步应用和发展，它将为人类社会带来更多的变革和机遇。

本书主要内容

本书全面、深入地介绍了使用 ChatGPT 进行软件产品需求分析、架构设计、技术栈选择、高层设计、数据库设计、UI/UX 设计、后端应用开发、Web 前端开发、软件测试、系统运维、技术管理等的方法与经验，目标是帮助产品经理、架构师、数据库管理员、UI/UX 设计师、程序员、测试工程师、运维工程师和项目经理更深入地理解 ChatGPT 的实际应用和潜力，并为他们提供实用的操作建议。

通过阅读本书，读者能够掌握 ChatGPT 在软件产品需求分析、架构设计、代码实现、系统优化、软件测试和团队协作等方面的核心概念和方法。这将有助于软件开发企业和个人在人工智能时代迅速利用这一强大工具武装自己，实现价值创新并形成竞争优势，为未来发展奠定坚实的基础。

本书约定

❑ 本书提到的 ChatGPT 是指 ChatGPT 和 ChatGPT-4 的统称，大多数时候是指 ChatGPT-4。
❑ 本书将在每章的开始部分简述本章的结构。
❑ 本书将在每章的结束部分概括做一个小结。

❑ 与 ChatGPT 互动的对话部分采用以下方式表示：

向 ChatGPT 提出的问题。

ChatGPT 给出的答案。

ChatGPT 使用说明

为了获得高质量且合适的答案，在向 ChatGPT 提出问题之前，我们首先需要确保所提出的问题满足以下几个要求。

❑ **明确的目标**：清晰地阐述问题的目标，以便 ChatGPT 能够准确地理解并提供相应的信息或建议。

❑ **具体的范围**：设定一个具体的范围，这有助于避免过于宽泛或模糊的回答，从而使答案更具针对性和实用性。

❑ **规定的输出**：问题应该明确期望的答案格式和类型，例如，是否需要列举步骤、提供案例或者给出解决方案等。

在 ChatGPT 给出建议性的答案之后，为了得到更为满意的结果，还需要继续进行以下步骤。

（1）**足够的判断**：在收到 ChatGPT 的回答后，仔细审阅并判断其是否符合预期，是否准确无误地解答了问题，以及是否包含了所有相关信息。

（2）**有效的反馈**：如果发现答案存在问题或需要补充，提供具体且明确的反馈，指出需要改进或补充的部分，这将有助于 ChatGPT 进一步优化答案。

（3）**反复的迭代**：通过多次与 ChatGPT 互动，不断完善问题和答案，以便最终获得高质量且合适的解答。

最后，通过以上步骤的实践，用户可以在与 ChatGPT 互动的过程中获得更为满意的答案。需要注意的是，作为人工智能，ChatGPT 可能无法完全理解某些问题或提供完美的答案。因此，在使用过程中保持耐心并不断优化问题，将有助于提高互动体验和答案质量。

遵循表 2 中的步骤和注意事项，用户可以在与 ChatGPT 互动时获得更为满意且高质量的答案。图 1 也清楚地展示了这个过程。

表 2　与 ChatGPT 互动的步骤和注意事项

步骤描述	示例或注意事项
明确的目标	提问时明确说明目标，如"如何提高团队沟通效率"
具体的范围	设置问题范围，如"在远程工作环境中如何提高团队沟通效率"
规定的输出	期望的答案类型，如"请提供五个提高远程团队沟通效率的方法"
足够的判断	审阅答案，判断是否符合预期、准确无误且包含所有相关信息
有效的反馈	指出需要改进或补充的部分，如"请补充方法 3 的具体实施步骤"
反复的迭代	与 ChatGPT 多次互动，优化问题和答案，直至获得满意的结果

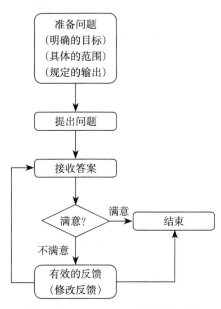

图 1　与 ChatGPT 互动的最佳过程

案例描述

在此以某支付公司 POS 机终端管理系统（Terminal Management System，TMS）的开发作为案例，详细讲解如何利用 ChatGPT 完成应用系统的架构设计。首先，我们要介绍一下什么是 TMS。TMS 是支付平台管理 POS 机终端的必备工具。

支付公司在开展支付业务的过程中，会把数以万计的 POS 机分散部署在不同地区的各种商铺里，帮助商户收款，为人们提供支付的便利。虽然这些 POS 机的系统配置、密钥管理和软件更新可以通过手动操作完成，但是，这需要相关的技术支持人员访问每个商户的业务现场，而且需要用到每台 POS 机。这样做不但会给商户带来不便，而且也不切合实际情况，可以说是劳民伤财、耗时低效。如果能把 POS 机终端的系统配置参数、密钥管理和软件更新部署在网络平台上，那么每台 POS 机都可以通过网络自动地访问 TMS 的服务，及时检查、发现并且下载需要更新的密钥、参数或者软件。图 2 所示的 POS 机网络服务中心就是本案例将要涉及的 TMS。

图 2　TMS 逻辑示意图

本书读者对象

❑ 对 ChatGPT 感兴趣并希望在实际项目中应用这一先进技术的研究人员和开发工程师。本书将通过实际应用案例深入解析 ChatGPT 在软件开发方面的应用，帮助读者快速掌握利用 ChatGPT 助力软件开发的技能。

❑ 希望运用 ChatGPT 为产品创新和用户体验带来价值的产品经理和设计师。本书将提供如何将 ChatGPT 与产品设计相结合的方法和实践案例。

❑ 需要管理和指导具有 ChatGPT 相关技术背景的技术团队的领导者。他们将从本书中学到如何更有效地组织和协调团队资源，以及如何进行技术规划和战略部署。

❑ 负责企业或项目的系统运维和管理工作的专业人员。他们将在本书中了解到如何维护和优化基于 ChatGPT 的系统，以确保其高效、稳定地运行。

❑ 从事人工智能教育的教师、讲师及相关专业的学生。他们可以通过阅读本书系统地学习和了解 ChatGPT 及其在实际项目中的应用，为教学和学术研究提供参考。

❑ 对人工智能和 ChatGPT 有浓厚兴趣的普通读者。他们可以从本书中获取对 ChatGPT 的发展历程、应用领域以及未来前景的全面认识，丰富自己的知识体系。

Contents 目　录

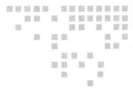

第 1 章 *Chapter 1*

ChatGPT 与软件开发

从 20 世纪 40 年代开始到今天，软件开发已经走过了 80 多个年头。从机器语言到高级编程语言，从互联网、移动互联网应用、云计算和大数据直到今天的人工智能，软件开发领域经历了多次重大技术发展的冲击。这些冲击使软件开发变得更加广泛、高效、灵活和方便。2023 年，软件开发又迎来了以 ChatGPT 为代表的通用生成式预训练转换器（GPT）人工智能技术的新发展。如何应对这些技术发展的挑战，顺应时代和科技潮流变革软件开发过程与方法，是一个非常重要的课题。

1.1 技术发展对软件开发的影响

纵览软件开发的历史，从 1940 年到 2023 年的 80 多年时间里，技术发展对软件开发产生过六次重大的影响。我们来简单回顾一下。

首先，高级编程语言的出现，让面向机器的编程进化到可以用接近人类自然语言的高级编程语言编程。与机器语言或汇编语言相比，高级编程语言的语法和结构更接近于人类语言。因此，高级编程语言大大地缩短了编程时间，提高了编程的效率。程序也从此变得更加直观和易于理解，降低了开发工程师出错的概率。高级编程语言的出现也使软件开发变得更加可维护和可扩展，从而推动了软件行业的快速发展。

其次，互联网技术的出现，促进了网络应用程序和网络编程的发展，使得软件开发工程师不再局限于本地应用程序的开发，可以将软件服务扩展到全球范围内，实现更加便捷的信息交流和共享。互联网的普及也推动了敏捷软件开发方法的出现，这种方法强调快速迭代，能够让软件开发工程师更好地适应不断变化的市场需求，缩短软件项目的开发周期，提高软件项目的交付速度和质量。同时，互联网技术的普及也促进了软件开发的全球化，使得全球各地的软件开发团队可以通过网络协同工作，实现信息共享和资源共享，进一步推动了软件开发的发展。

再次，移动互联网技术的出现，促进了移动应用程序的开发和推广，使得软件开发工程师需要针对不同的移动平台对应用程序进行适配和优化，以确保应用程序在各种移动设备上能够正常运行。移动互联网技术也促进了云计算的发展，使移动应用程序能更方便地进行数据存储和管理，并且可以利用各种云服务来增强移动应用的功能和性能。此外，移动互联网技术的普及也推动了移动应用测试和发布方式的改变，让软件开发工程师更加关注应用程序的质量和用户体验。

接着，云计算技术的兴起为软件开发提供了灵活、可扩展的基础设施，使软件开发不再受限于传统的硬件环境，可以通过云服务快速地构建、部署和管理应用。这不仅降低了软件开发的成本和门槛，也为跨平台应用和全球化服务带来了无限可能。云计算还提供了强大的数据处理和分析能力，为人工智能和大数据应用提供了强有力的支持。这使得软件开发工程师可以更加高效地进行数据分析和模型训练，为智能化应用奠定基础。云计算技术也使得软件开发变得更加灵活、高效和创新。

此外，大数据技术的出现，为软件开发和运维提供了更加高效的数据存储和处理方式，使软件开发工程师可以更好地处理海量的数据，发掘其中的价值和意义。大数据技术还提供了强大的数据分析和挖掘能力，使软件开发工程师可以更好地进行数据挖掘、预测和模型构建，为各种应用场景提供有力支持。同时，大数据技术的出现促进了机器学习和人工智能技术的发展，进一步增强了软件的智能化水平，也促进了软件开发的全球化和协同工作。

最后，人工智能技术的出现，特别是在深度学习领域，通过神经网络模型的训练和学习，使得计算机可以从海量数据中发现规律和模式，实现自动化的决策和预测。这一技术在计算机视觉、自然语言处理、语音识别等领域取得了重大突破，极大地推动了软件开发的创新和进步。在计算机视觉领域，人工智能技术使计算机可以自动识别图像和视频中的对象、场景和动作，从而实现自动驾驶、安防监控、医疗诊断等功能。在自然语言处理领域，人工智能技术使计算机可以自动理解和生成自然语言，实现智能客服、机器翻译、文本分析等功能。在语音识别领域，人工智能技术使计算机可以自动识别和理解人类语音，实现语音助手、智能语音交互等功能。人工智能技术的出现也为软件开发带来了新挑战。

　　总之，高级编程语言、互联网、移动互联网、云计算、大数据和人工智能这六次重大的技术发展，给软件开发的方法、范围、模式、效果和效率都带来了巨大的影响。表1-1总结了这六次技术发展对软件开发所产生的各种影响和变革。图1-1从时间序列上展示了对软件开发带来重大影响的六次技术发展。

表 1-1 技术发展对软件开发的影响

技术类别	影响和变革
高级编程语言	提高了编程效率，降低了错误概率，降低了计算机体系结构依赖，提高了软件可维护性和可扩展性
互联网	促进了网络应用、编程发展、敏捷软件开发方法的出现，推动了软件开发全球化和云计算技术的发展
移动互联网	推动了移动应用程序的开发和推广，催生了云服务的发展，改变了测试和发布方式，促进了物联网和边缘计算技术发展
云计算	提供了灵活、可扩展的基础设施，提供了强大的数据处理和分析能力，促进了软件开发的全球化和协同工作
大数据	提供了高效处理和分析大规模数据的能力，带来了新的数据驱动业务模式，改变了传统数据的处理方式，提高了数据价值的开发和利用
人工智能	革新了软件创新和进步，在多个领域取得了重大突破，带来了新的软件开发挑战、开发模式和技术需求

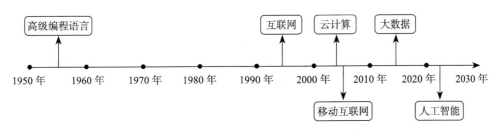

图 1-1 对软件开发带来重大影响的六次技术发展

1.2 ChatGPT 对编程的影响

2022 年底，ChatGPT 横空出世，这是一种基于深度学习的人工智能模型。这种拥有强大文本生成能力和丰富知识的人工智能技术，对软件开发所带来的影响具有革命性，其深度、广度、意义和价值已经远远超过之前出现的技术发展。本节将重点讨论 ChatGPT 在自然语言处理、文本生成和计算机语言处理方面的一些基础知识，为下一节深入讨论 ChatGPT 对软件开发模式的影响打好基础。

自然语言是人类用来沟通交流的语言，随意性较强，通常不太结构化，表达方式比较多样化，同时存在歧义和不确定性等问题，这无形中增加了计算机对自然语言理解和文本生成的挑战。自然语言的生成逻辑更加接近人类思维和表达，它需要考虑诸如语法、语义、上下文等因素，从而生成自然语言文本。在自然语言生成文本的过程中，通常会用到自然语言处理技术，包括词法分析、句法分析、语义分析、文本生成等方法。世界上目前大约有 7000 种自然语言，地球上 80 亿人口中大约有 36% 的人在使用汉语、西班牙语、英语、阿拉伯语和印度尼西亚语，如图 1-2 所示。

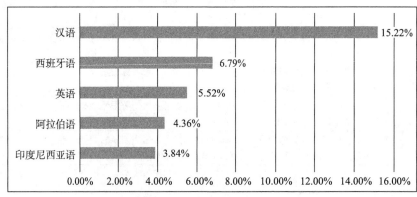

图 1-2 人类自然语言排行[⊖]

计算机编程语言是专门用于编写计算机程序的语言。相对于自然语言来说，计算机编程语言更加结构化和规范化，具有明确的语法和语义，而且能够直接转化为计算机可以执行的指令，因此在某种程度上也更加容易被计算机理解和执行。尽管世界上有 1000 多种计算机编程语言，但是，目前真正常用的主流编程语言只有 10 ～ 20 种。

⊖ https://zh.wikipedia.org/wiki/ 按人口排列的语言列表。

在计算机编程活动中，程序员最常使用的前五种编程语言在所有编程语言使用总量中占 63.32%，具体排序见图 1-3。

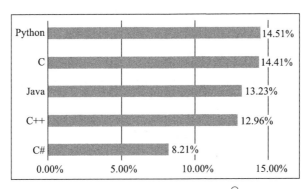

图 1-3　计算机编程语言排行榜⊖

自然语言和计算机编程语言都有其特点和复杂性。自然语言因为不规则，所以很复杂；计算机编程语言因为其逻辑可以无限叠加，所以更为抽象。根据外语教学领域的研究，一般认为，外语学习者要达到流利地使用一门母语以外的外语，需要投入数年的时间。而对于计算机编程语言来说，初学者可以在几个月到一年左右的时间内获得基本的编程能力，编写简单的程序和解决简单的问题。两者在难度上相差很远。

ChatGPT 是一种基于深度学习的自然语言处理模型，能够对自然语言文本进行理解、生成和转换等操作。由于自然语言的复杂性，ChatGPT 也需要具备非常强的语言理解和生成能力，同时需要处理自然语言中存在的歧义和不确定性等问题，因此相对于计算机编程语言来说更加复杂。总的来说，自然语言生成和计算机高级语言编程的逻辑虽然有所不同，但都需要处理复杂的语言和符号系统，理解和遵循各自的规则和范式，以实现特定的功能和任务。

要想真正地了解和评估 ChatGPT 对软件开发的影响，首先要弄清楚 ChatGPT 生成计算机代码的原理。作为一种自然语言处理模型，ChatGPT 可以生成以人类自然语言书写的文本。虽然 ChatGPT 本身并没有直接编写计算机程序的功能，但是，人类开发者却可以利用 ChatGPT 生成的自然语言文本作为编写计算机程序的一种辅助方式。

当 ChatGPT 生成计算机程序或代码片段时，它是基于在训练数据中看到的代码片

⊖　https://www.w3cschool.cn/article/41170634.html。

段和模式来生成的。GPT模型在训练过程中学习了大量的编程知识和代码示例。当你询问与计算机编程相关的问题时，它会根据训练数据中的知识和经验生成回答。

　　具体来说，如果需要编写一个计算机程序，我们可以使用自然语言来描述程序的逻辑和功能，然后将这些描述转换成相应的编程语言代码。例如，我们可以使用自然语言描述一个计算平方根的程序逻辑：输入一个数 x，计算出 x 的平方根 y，并输出 y 的值。然后，可以将这段描述转换成如图 1-4 所示的 Python 代码。

```
import math
x = input(" 请输入一个数: ")
TMS = math.sqrt(float(x))
print(TMS)
```

图 1-4　ChatGPT 生成代码的原理举例

　　这样，我们就可以通过自然语言和编程语言之间的转换，利用 ChatGPT 生成的自然语言文本来编写计算机程序。具体过程如图 1-5 所示。

图 1-5　ChatGPT 生成代码的过程

　　（1）**输入需求**：用户以自己最熟悉、最能表达自己意图的自然语言输入编程需求的细节，清楚地告诉 ChatGPT 他们希望的输入数据、处理逻辑和输出结果。特别要明确指明生成哪种计算机语言的程序，例如 Go、Java 和 Python。

　　（2）**预处理**：对以自然语言描述的编程需求进行预处理。该处理过程包括清理文本并将其转换为标准格式，然后进行分词、词干提取、去除停用词等操作，从中提取出关键词和短语，包括变量、函数、对象、属性等。

　　（3）**语义分析**：使用 ChatGPT 模型对编程请求文本进行语义分析，以确定其含义和结构。其中包括解析句子结构，理解主语、谓语、宾语等语法成分，捕捉描述中的实体、属性、动作和关系等。

　　（4）**代码生成**：ChatGPT 模型根据已经理解和掌握的上下文信息，以及前面定义的各种约束条件，生成相应的高级编程语言的代码。这一步可能包括代码模板生成、代码片段组合、逻辑结构生成等。

　　（5）**语法检查**：ChatGPT 模型根据高级编程语言的语法规则对前一步生成的代码进行词法分析、语法分析和错误处理，以确保所生成的代码符合编程语言的语法规则和标准，避免语法错误导致的编译或者运行时错误。

（6）优化排错：ChatGPT 生成的代码可能会有错误或者效率不高。因此，在输出代码之前，需要进行优化和排错，以提高代码质量。代码重构、性能分析和错误排查等可以避免代码错误和性能问题所导致的运行时错误和效率低下。

（7）后处理：在生成代码的过程中，ChatGPT 模型会尽可能地保证所生成的代码易于阅读和理解。但是，为了进一步提高代码的可读性和可维护性，还需要进行后处理，包括添加注释、检查需求和代码格式化等。

（8）输出结果：ChatGPT 将最终生成的高级编程语言代码以文本形式输出，并将其发送给用户。用户可以将其保存在计算机中，然后运行代码来执行该任务。最终生成的编程语言可以是用户所要求的任何一种，如 Go、Java 和 Python 等。

总之，ChatGPT 编程就是把以自然语言描述的编程需求提供给 ChatGPT，然后经过预处理、语义分析、代码生成、语法检查、优化排错、后处理和输出结果等环节，最终生成计算机编程高级语言代码的过程。

通过上面的过程可以看到，ChatGPT 为软件开发的编程环节带来了革命性的变化。程序员不再需要从头到尾靠自己的思考完成代码编写，而是通过定义编程需求依托 ChatGPT 完成应用代码的编写。这个崭新的过程不仅提高了编码效率，而且因为可以利用 ChatGPT 自动检查代码的逻辑和语法，减少了代码中出现 Bug 的机会，所以可以大幅度地提高代码质量。从这个角度讲，在 ChatGPT 驱动下的编码和测试方式已经出现了根本性的变化。

除此以外，因为 ChatGPT 拥有人类知识的总和，当然也包括各行各业的业务逻辑和架构设计知识，所以，在软件开发过程中，ChatGPT 对用户需求分析、架构设计、代码测试、应用部署和系统维护也都将产生深远的影响。本书将在后续章节展开更加深入的讨论。

1.3　ChatGPT 对软件开发模式的影响

软件开发是一个系统工程，目的是交付可以满足用户需求的软件服务或产品。计算机信息系统包含硬件、软件、数据、人员和网络等要素，只有通过这些要素相互作用才能提供有效的服务。软件开发涉及多个环节，包括用户需求分析、技术栈选择、架构设计、UI/UX设计、数据库设计、代码实现、单元测试、集成测试、性能测试、安全测试、软件部署、信息安全、项目管理和运维监控等。为了完成这些任务，需要由产品经理、架构师、UI/UX设计师、程序员、数据库管理员、测试工程师、信息安全工程师、运维工程师和项目经理等多个不同职能的人员组成的团队协同工作。这个团队只有采用适合的开发模式，有效地组织起来，密切合作，才能确保整个开发过程高效且质量可靠，并最终交付出可以满足用户需求的软件服务或产品。

软件开发生命周期（Software Development Life Cycle，SDLC）是一种软件开发过程管理和控制方法，其历史可以追溯到20世纪60年代。当时，计算机应用程序开发经常采用一种混乱而且不规范的方法，缺乏标准化的过程和规范，导致项目常常出现超预算、超时限或者交付不合格产品的现象。为了解决这些问题，软件开发工程师开始探索一种更加规范和标准化的开发过程。在此背景下，SDLC应运而生。SDLC经历了多个发展阶段，逐渐演变为一种成熟的软件开发过程管理方法，其流程图如图1-6所示。

图1-6　SDLC流程图

SDLC是软件开发的一种标准流程，包括以下阶段。

（1）**分析**：确定用户需求和系统需求，制定软件需求规格说明书。

（2）**设计**：确定软件结构、模块划分和算法等设计方案，制定详细设计文档。

（3）**编码**：实现详细设计文档中所描述的功能，编写源代码和注释文档，并进行单元测试。

（4）**测试**：对编码完成的软件进行功能测试、集成测试、性能测试和安全测试，发现并纠正软件中存在的缺陷。

（5）**部署**：将软件部署到生产环境中，提供给用户使用。

（6）**维护**：监控软件的运行状态，及时发现并修复问题，保证软件的稳定运行。

以上各个阶段需要贯穿整个软件开发过程，并与项目管理和质量保证密切结合。通过SDLC，我们可以有效地提高软件的开发质量、降低开发的成本并且缩短开发周期，所以，SDLC是软件开发必须要遵循的标准流程。

在ChatGPT驱动软件开发的新时代，SDLC仍然有其存在的必要。虽然我们可以利用 ChatGPT 来帮助软件开发工程师在软件开发过程中快速地生成代码，但是，在软件开发过程中我们仍然需要考虑很多其他问题，例如，用户需求分析、软件系统架构设计、软件测试、应用部署和系统运维等。SDLC 提供了一种结构化的方法来管理和控制软件开发过程，能够帮助开发团队协同工作，从而提高软件开发的效率和质量。此外，SDLC 还可以帮助软件开发团队更好地管理项目进度，控制项目风险，从而提高项目成功的可能性。因此，即使在 ChatGPT 驱动软件开发的新时代，SDLC 仍然是一个重要的软件开发方法论。

软件开发生命周期为软件项目的开发提供了一个结构化的框架，其目的是帮助项目团队实现高质量的软件产品。ChatGPT 也脱离不了 SDLC，但是，我们在软件开发生命周期中可以采用不同的开发模式，如常见的瀑布模式、迭代模式、敏捷模式等。这三种开发模式在需求分析、架构设计、开发流程、团队协作和项目管理等方面具有显著的差异。

1. 瀑布模式

瀑布模式是一种软件开发模式，其主要特点是将整个开发过程划分为一系列线性顺序的阶段。在瀑布模式中，每个阶段必须在进入下一个阶段之前完成，因此对项目管理和计划至关重要。该模式强调对需求和设计的详细文档化，以确保项目的准确性和一致性。然而，这也导致变更处理的困难，因为任何需求和设计变更都可能导致大量的返工。因此，瀑布模式适用于需求明确、稳定且预先可知的项目，特别是对质量要求严格的项目。瀑布模式的特点总结如下。

- **严格的线性顺序**：瀑布模式将软件开发过程划分为一系列相互依赖的阶段，每个阶段都必须在进入下一个阶段之前完成。
- **高度文档化**：瀑布模式强调详细的需求分析和设计文档，以确保项目的准确性和一致性。
- **变更处理困难**：在瀑布模式中，需求和设计变更很难处理，因为它们可能会导致整个项目的大量返工。
- **特定的适用场景**：瀑布模式适用于需求明确、稳定且预先可知的项目，尤其是对质量要求严格的大型项目。

2. 迭代模式

迭代模式也是一种软件开发模式，其主要特点是将开发过程划分为多个迭代周期，每个迭代周期包括需求分析、设计、编码和测试等阶段，每次迭代会产生一个可用的软件版本。与瀑布模式不同的是，迭代模式采用增量式开发方法，即在每个迭代周期中，新的功能和需求都会被添加到已有的基础上，逐步完善软件产品。这种方法可以更好地处理需求变更，因为新的需求可以在下一个迭代周期中得到满足。迭代模式适用于需求可能发生变化或难以预先明确的项目，以及需要在短时间内交付部分功能的项目。迭代模式的特点总结如下。

- **多次迭代**：迭代模式将软件开发划分为多个迭代周期，每个迭代周期都包括需求分析、设计、编码和测试阶段，每次迭代都会产生一个可用的版本。

- **增量式开发**：在每次迭代中，新的功能和需求会被添加到已有的基础上，堆叠积累，逐步完善软件产品。

- **更好的变更管理**：迭代模式可以更容易地处理需求变更，因为新需求可以在下一个迭代周期中得到满足。

- **适用场景**：迭代模式适用于需求可能发生变化或难以预先明确的项目，以及需要在短时间内交付部分功能的项目。

3. 敏捷模式

敏捷模式是一种高度灵活的软件开发模式，强调适应性和灵活性，可以快速地响应需求变更和市场变化。相比传统的瀑布模式，敏捷模式倾向于减少文档和过程的复杂性，专注于实现高效的团队协作和快速交付。迭代式开发是敏捷模式的核心，它采用短迭代周期（通常为 2 ～ 4 周），每个迭代周期都会产生一个可交付的软件增量。同时，敏捷模式强调与客户紧密合作，以获取实时的反馈和需求调整，确保软件产品符合客户的需求和期望。敏捷模式适用于需求不断变化、需要快速适应市场，以及需要团队紧密协作、高效交付的项目。敏捷模式的特点总结如下。

- **高度灵活**：敏捷模式强调适应性和灵活性，可以快速地响应需求变更和市场变化。

- **轻量级过程**：敏捷模式倾向于减少文档和过程的复杂性，专注于实现高效的团队协作和快速交付。

- **迭代式开发**：敏捷模式采用短迭代周期（通常为 2 ～ 4 周），每个迭代周期产生一个可交付的软件增量。

- **客户合作**：敏捷模式强调与客户紧密合作，以获取实时的反馈和需求调整。

❑ **适用场景**：敏捷模式适用于需求不断变化、需要快速适应市场，以及需要团队紧密协作、高效交付的项目。

对于面向消费者的互联网应用，由于需求变化较快且市场竞争激烈，敏捷模式可能是一个比较好的选择。而对于面向企业场景的服务，因为需求相对稳定，而且客户可能更注重项目交付的时间和质量，所以瀑布模式可能更可靠。开发团队需要根据项目需求、团队情况、客户期望和市场环境的具体情况综合考虑，选择最合适的开发模式。

❑ **项目需求**：项目需求的稳定性和复杂性是决定开发模式的关键因素。对于需求变更频繁或不明确的项目，敏捷模式可能更适用，因为它能够灵活地适应需求变化。而对于需求相对稳定而且清晰的项目，瀑布模式可能更合适，因为它允许在项目开始时进行详尽的规划和设计。

❑ **团队情况**：团队成员的技能、经验和协作能力也会影响开发模式的选择。敏捷模式依赖于跨功能团队的紧密合作和高度自治，适合有丰富经验、善于沟通的团队。而瀑布模式更适用于组织结构较严谨、任务分工较明确的团队。

❑ **客户期望**：客户对项目交付时间、质量和沟通的期望也会影响开发模式的选择。敏捷模式强调与客户的紧密合作和持续交付，可以快速适应客户需求变化。瀑布模式则适用于客户对项目交付时间有明确要求且需求较为稳定的情况。

❑ **市场环境**：项目所在的市场环境和竞争态势也会影响开发模式的选择。在竞争激烈、技术变革快速的市场环境中，敏捷模式可以帮助项目更快地适应变化，保持竞争力。而在相对稳定的市场环境中，瀑布模式可以确保项目在有限的时间和资源内实现预定目标。

图1-7分别描述了瀑布模式、迭代模式和敏捷模式这三种目前主流的开发模式。这三种模式各有千秋，适用于不同的研发场景和需求。但是，无论如何这三种开发模式的最终目的都是要解决如何高效地交付可以满足用户需求的项目的问题。因为软件系统所涉及的因素很多，包括产品功能需求、产品易用性需求、前端技术栈、后端技术栈、数据库、测试技术、信息安全、应用部署技术和基础设施系统运维等，所以要完成一个项目，需要产品经理、架构师、用户界面设计师、前端工程师、后端工程师、数据库管理员、网络工程师、测试工程师和项目经理等至少九种不同技能的工程师参与，经过各种沟通和协调才能完成。特别是关于项目需求和设计的各种信息，在

项目团队内部，需要经过各种传递、反复沟通，方能形成共识，最终形成有价值的交付物。因此才有了瀑布模式、迭代模式和敏捷模式。

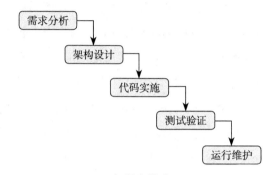

a）瀑布模式

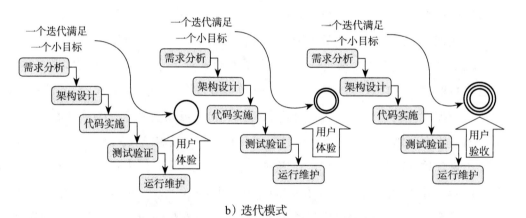

b）迭代模式

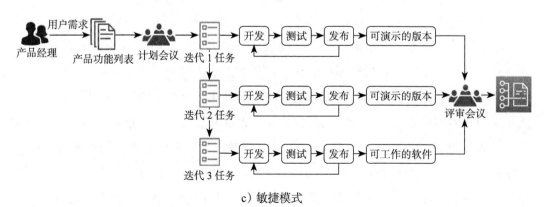

c）敏捷模式

图1-7　常见的三种开发模式

　　ChatGPT 的出现，大幅度提升了工程师的效率和产出。以前需要多个工程师反复讨论、互动协调、旷日持久的研发活动，现在变成极少数工程师在 ChatGPT 的辅助下，独立自主或者与少数几个人相互配合、短期交付的新研发模式。大兵团作战变成了少数特种兵出击。工程师以一顶多的新局面出现了。为了适应新的技术发展，新的开发模式也应运而生。

1.4　适合 ChatGPT 的水母开发模式

　　尽管 ChatGPT 对软件开发产生了深远影响，软件开发活动仍然遵循其固有的生命周期。然而，当前常见的瀑布、迭代和敏捷三种开发模式面临着新的挑战，因为这些模式所依赖的基本假设已经发生了变化。过去的假设是许多人共同参与一个项目，需要大量时间和精力进行交流与协调。如果交流和协调不佳，软件产品可能无法满足用户需求。

　　在 ChatGPT 驱动的软件开发过程中，开发工作从人脑生成方案和代码，转向由 ChatGPT 按照需求的指令生成方案和代码。曾经需要大量思考和手工操作的工作现在可以由 ChatGPT 来承担。因此，项目组的工作效率得到了大幅度的提高，需要的开发工程师数量大幅度减少，需要人工撰写的各种技术文档也大幅度减少。但是，新的开发模式对人才素质和能力有了更高的要求。

　　我们把 ChatGPT 应用于实际的软件开发活动，在反复实践的过程中，发现了一种非常适合以 ChatGPT 为主要依托的研发模式。这种新的由 ChatGPT 驱动的软件开发模式称为水母模式。之所以选择水母来命名，是因为这种开发模式呈现出类似水母的特点，即顶部较大，底部较小。顶部较大意味着在开发过程中强调前期的需求分析和统一的架构设计；底部较小则意味着借助于 ChatGPT 输出的设计方案和后期生成的代码，可以大幅度地减少对开发、测试和运维工程师的依赖。多只水母触手代表了在上层用户需求分析和总体架构设计的基础上，可以并行许多不同模块的具体实施活动。例如代码调试、测试验证、应用部署和系统运维。这种模式的好处就在于可以有效地避免信息在众多项目参与者之间传递时失真或丢失，从而使软件开发能够更好地满足用户需求并缩短开发周期。

图 1-8 展示了水母开发模式的基本概念。图 1-9 展示了水母开发模式的细节。

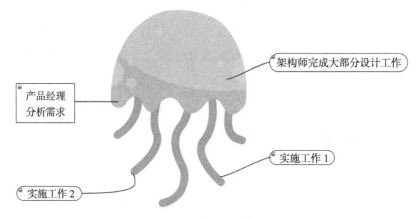

图 1-8　水母开发模式

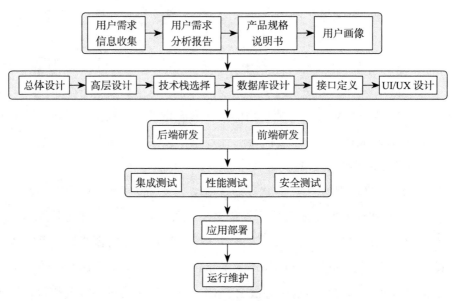

图 1-9　水母开发模式的细节

该模式把研发活动分成六个层次，这些层次的活动分别对应 SDLC 的分析、设计、编码、测试、部署和维护。从各个层次工作或者活动安排的数量上可以看到，相对于其他几层，分析和设计层的工作量或者活动量要大很多。

一个典型的水母开发团队包括产品经理、架构师、后端工程师、前端工程师和测试工程师共五个全职的核心人员，以及数据库管理员、项目经理、UI/UX 设计师、运维工程师、性能测试工程师和信息安全工程师等非全职的辅助人员。根据目前实践情况统计，各个层级的核心人员构成情况如表 1-2 所示。

表 1-2　水母开发模式的核心人员构成

职位	职能	数量	交付物
产品经理	分析用户需求 制定产品战略 协调 UI 设计师设计 UI 生成 UI 代码	1	用户需求分析报告 产品策略 产品 UI 设计方案 产品 UI 设计图案
架构师	选择技术栈 设计系统架构 协调数据库管理员设计数据库 完成高层设计 生成后端代码 生成集成测试计划	1	前端技术栈 后端技术栈 设计系统架构 协调数据库管理员设计数据库 完成高层设计 数据库管理员创建数据库
后端工程师	部署并调试后端代码	1	后端服务代码 测试用例 测试脚本 后端服务使用指南
前端工程师	部署并调试 UI 代码 部署并调试前后端代码	1	前端页面代码
测试工程师	协调数据库管理员生成测试数据 生成测试脚本	1	测试环境搭建 集成测试脚本 集成测试报告

根据对项目开发活动的测算，采用水母模式进行软件开发，需要给项目团队配备的人力资源比例大致如表 1-3 所示。架构师是整个开发项目的核心，在软件项目的具体实施过程中，他需要完成总体设计、技术栈选择、数据库设计、界面设计和接口设计。而负责代码调试的程序员、负责测试的测试工程师和负责应用系统部署运维的工程师可以在架构师的指导下各司其职。

表 1-3　水母模式 SDLC 各个环节人力资源比例

SDLC 阶段	人力资源比例	SDLC 阶段	人力资源比例
分析	1	测试	1
设计	2	部署	0.5
编码	4	维护	0.5

1.5 ChatGPT 对开发工程师的影响

从个体努力思考并且形成解决方案，演进到个体轻松提需求，人工智能思考并生成合适的解决方案，ChatGPT 的出现改变了思考问题和解决问题的方式。对软件开发工程师来说，从工程师静下心来集中意识、努力思考并形成逻辑流输出，到工程师把用户需求以合适的方式向 ChatGPT 提出，然后由 ChatGPT 给出各种解决方案，软件开发的过程发生了变化，软件开发工程师的定位也从思考逻辑为主转变为以提出需求为主。这当然会对软件工程师产生深远的影响。

❑ **定位**：软件开发工程师从如何在意识中通过思考形成严谨的逻辑，变成如何把用户需求准确完整地向 ChatGPT 提出。这与从有人驾驶汽车发展为无人驾驶汽车异曲同工。在有人驾驶时代，人的定位既是司机也是乘客；在无人驾驶时代，人的定位就非常清晰地只剩下乘客。在有人驾驶时代，人的责任是操纵汽车、判断交通情况，以把汽车安全地驾驶到目的地；在无人驾驶时代，人的责任是清楚地指挥系统把汽车开到目的地。

❑ **技能**：因为定位的变化，所以对工程师的技能要求也发生了变化。我们不再要求软件开发工程师在逻辑思考方面如何强大，而是聚焦在是否能够理解并掌握用户需求，根据软件开发生命周期，把用户需求逐步分解成合适的问题，从 ChatGPT 那里获得答案。计算器就是一个好例子，在计算器出现以前，计算是通过大脑完成的；在计算器出现以后，计算是通过按动计算器的键盘完成的。计算器的使用者聚焦要计算什么而不再是如何进行计算，这是本质性的变化。

❑ **素质**：ChatGPT 驱动下的软件开发过程更加强调软件开发工程师要具备可以理解用户需求的同理心，对用户需求更敏感、更体贴，更善于与用户沟通以及向 ChatGPT 转译和表达用户需求。对研发工程师的素质要求从强调逻辑思维转变为强调形象思维。曾几何时，裁缝是个不可或缺的职业。在那个时代，强调的是裁缝要手巧，可以穿针引线，把衣服做得服服帖帖、严丝合缝。而今天的时装行业，强调的是心灵，要求能敏感地捕捉市场脉搏和流行趋势，掌握消费者的需求并设计出符合时代潮流的服装。从强调手巧演化为聚焦心灵，行业的名字也从裁缝转变为时装。

❑ **数量：** 在以人脑思考为主产生逻辑流（程序）的今天，需要大量的工程师参与到软件开发的各个环节。而在 ChatGPT 驱动下的软件开发过程中，需要的是少量从事用户需求分析和架构设计的软件开发工程师。类似的工作岗位变迁在历史上也曾发生过很多次。20 世纪 50 年代和 60 年代曾经是电话接线员职业发展的高峰期，美国大约有超过 35 万名电话接线员[⊖]。这些接线员被用于连接电话线路、传递呼叫信息和为电话用户提供支持。自动交换机的出现彻底改变了这个行业。

虽然 ChatGPT 对软件开发工程师会带来巨大的影响，但是可以肯定的是软件开发这个行业不会消失。未来，我们需要更多的桌面和移动软件来服务企业和个人大量个性化的需求。在这些软件的开发过程中，最为重要的工作仍然是用户需求的收集与分析，以及系统架构的设计。这些工作都要以人为本，需要的是人的情感、体验和判断，否则无法完成。以下是几个例子。

❑ **产品经理：** 尽管在分析用户需求的过程中可以借助 ChatGPT，但是最终的判断和决策仍然需要产品经理根据实际情况和经验来完成。

❑ **架构师：** 尽管可以利用 ChatGPT 来获取设计相关的技术建议甚至生成设计方案，然而，架构师仍然需要根据项目需求和团队现实进行判断和调整。

❑ **UI/UX 设计师：** 尽管可以借助 ChatGPT 或者其他的人工智能图片生成工具完成页面的风格设计，但是，只有 UI/UX 设计师才能通过视觉感受判断风格是否符合用户需求。

❑ **程序员：** 尽管可以借助 ChatGPT 来获得编程建议、问题解答和代码示例，但是，ChatGPT 所生成的代码可能仍然需要程序员进行调整和优化。

❑ **测试人员：** 尽管可以利用 ChatGPT 来编写测试大纲、测试用例和测试脚本，但是，仍然需要测试人员根据项目特点和需求进行调整和完善。

所以，软件开发工程师的岗位并不会马上被 ChatGPT 完全替代，还是要坚持以人为本的原则，把 ChatGPT 定位为能力强大的辅助工具善加利用。但是，软件开发工程师要顺应技术发展的趋势，不断学习与进步，迅速掌握并驾驭强大的工具，更好地满足用户需求。

⊖ https://zh.wikipedia.org/wiki/ 电信交换。

在 ChatGPT 驱动软件开发的新时代，因为 ChatGPT 对研发效率的大幅度提升，软件开发行业需要能全面和熟练地掌握各种技能的研发工程师，也就是所谓的真正全栈的精兵强将。根据近期对水母研发模式试验的初步观察，一专多能的全栈程序员、领域业务背景深厚的产品经理或者架构师在软件开发的过程中备受青睐。如何通过学习和培训，不断地改变自己以适应新的研发模式，将是软件开发工程师面临的很大挑战。

另外，技术进步并非一味地削减工作岗位，而是引领劳动力市场的转型。在许多情况下，新兴技术会催生诸如 ChatGPT 引导师、人工智能画师等这样的新兴职业。这些新兴职业为人们提供了更多的就业机会，同时要求从业者具备更高的技能水平和更广泛的知识背景。ChatGPT 的出现，给我们带来无限的发展空间，一大批过去没有的产业很可能会因此而生，而且将会快速发展。总之，科技发展的最终目标是让人类社会更加美好，不写代码就能实现优秀的应用系统应该也是每个软件工程师的梦想。

1.6 与 ChatGPT 沟通的技巧

由于 ChatGPT 拥有人类知识的总和以及强大的文本生成能力，因此它能生成广泛且深入的文本内容。当我们与 ChatGPT 互动时，为了获得理想的输出结果，需要结构化地描述问题。如果问题表述得不够准确，那么返回的结果可能会与预期大相径庭。这种情况与乘坐自动驾驶汽车类似。对乘客而言，重点不再是紧张地操控方向盘，而是专注于告诉自动驾驶系统何时、何地出发及目的地在哪里。此外，乘客还可以依据自动驾驶系统的建议，在权衡交通、油耗和时间等因素后，确定最佳行车路线。乘客甚至可以根据个人喜好设定车内的温度、湿度、香气、音乐等。

在理解了 ChatGPT 生成高级语言代码的原理和过程之后，我们可以得出几个如何与 ChatGPT 良性高效互动的有价值的建议。

❑ **清楚描述**：为了让 ChatGPT 能生成高质量的软件代码，我们需要对软件的功能和逻辑进行清晰、详细的描述。避免使用模糊或笼统的描述，因为这会导致 ChatGPT 无法准确理解你的真实意图，从而生成低质量的代码框架。确保描述中没有歧义，因为 ChatGPT 可能无法识别你的具体意图，从而随机选择一个解释。

❑ **聚焦会话**：保持与ChatGPT的会话（session）连贯，确保一个主题只聚焦讨论一个问题，避免讨论过程中跑题。建议使用Notion或Word文件来记录与ChatGPT互动的每条信息，包括提问和回答。

❑ **分层迭代**：在描述问题时，可以采取自上而下或从宏观到微观的逐步逻辑分层。先解决一个层次的问题，再逐步深入。对于涉及广泛的问题，首先建立一个宏观框架来确定问题边界，然后再深入讨论细节。

所以，用结构化提问法向ChatGPT描述问题可以使我们充分发挥ChatGPT的作用，从而获得更精准、更高效、更适合和更有价值的解决方案。要结构化地描述问题，必须遵循以下七个步骤。

（1）**确定问题的核心（核心）**：首先明确问题的关键点，包括你想要解决的具体问题和期望达到的目标。

（2）**分解问题（详细）**：将问题拆分成更小、更易于管理的部分。这有助于更清楚地了解问题的各个方面，以及它们之间的关系。

（3）**提供背景信息（背景）**：给出与问题相关的背景信息和上下文，这有助于ChatGPT更好地理解问题的实际环境和需求。

（4）**设定优先级（优先级）**：确定问题中各部分的优先级，以便ChatGPT能够根据你的需求和关注点提供针对性的回答。

（5）**提出具体问题（具体）**：在描述问题的过程中，尽量使用明确、具体的语言。避免使用模糊或多义词汇，以减少歧义和误解的可能性。

（6）**陈述假设或限制条件（限制）**：如果问题涉及特定的假设或限制条件，请明确地表达出来。这将有助于ChatGPT提供更贴近实际需求的解决方案。

（7）**指定期望的输出格式（输出）**：明确表述你希望得到的答案形式，例如列表、段落、图表等。这可以帮助ChatGPT更好地满足你的期望。

与ChatGPT互动将是未来软件开发工程师主要的工作方式，所以必须要牢记上面提出的结构化提问法。其中，核心、详细、背景、优先级、具体、限制和输出是结构化提问法的七大关键要素。以下是一个帮助你记忆结构化提问七大关键要素的小故事。这个故事中的每个环节都与上述七个关键词相对应。

在一个遥远的星球上，有一块名为"核心"的神秘矿石，它拥有无尽的能量。为了找到这块矿石，七个勇敢的探险家开始了他们的冒险。他们需要详细地研究地图和资料，以便找到核心矿石的位置。在寻找线索时，他们发现了一个古老的背景故事，这个故事揭示了核心矿石的起源和重要性。然后，他们将任务按照优先级进行排序，确定哪些任务最关键，先完成哪些任务可以为寻找核心矿石提供更多帮助。在旅途中，他们面临许多具体的挑战，如攀爬险峻的悬崖、穿越沙漠和翻越冰川。为了战胜这些挑战，他们必须充分了解每个障碍的特点和解决方案。然而，他们的旅程并非一帆风顺，他们面临着许多限制，如时间紧迫、资源有限和外界环境恶劣。这些限制要求他们在寻找核心矿石时更加谨慎和充满智慧。最后，当他们找到"核心"矿石时，他们需要输出其能量，以拯救他们的星球，使星球焕发生机。

ChatGPT也给出了一个易于记忆的顺口溜：

核心详细背景给，优先级与限制齐。

具体问题描述好，输出格式讲明晰。

七大步骤走得当，ChatGPT回答亮。

下面举例说明。假设想要询问ChatGPT，如何创建一个简单的Python程序来计算两个数字的和。遵循上述结构化提问法，我们可以按照以下方式向ChatGPT提出问题，如表1-4所示。

表1-4 使用结构化提问法的案例

#	关键词	问题
1	核心	我要创建一个简单的Python程序，用于计算两个数字的和
2	详细	将问题分为两部分：1）输入两个数字；2）计算它们的和
3	背景	我正在学习Python编程，对于这个任务，我只需要一个简单的解决方案，不涉及复杂的功能
4	优先级	首先，我需要知道如何获取用户输入的两个数字 其次，我需要知道如何计算这两个数字的和
5	具体	如何使用Python获取两个用户输入的整数，并计算它们的和
6	限制	我希望使用Python的基本功能，不使用任何外部库或模块
7	输出	请以代码示例的形式提供答案

通过这种结构化提问法，我们可以更加清晰地表达自己的需求，从而使ChatGPT能够提供一个准确且具有针对性的解决方案。在架构设计阶段，架构师不再根据已确定的用户需求来绘制各种设计图，而是准备好用户需求、技术选项和架构要求，让

ChatGPT 提出设计方案，然后从中进行选择。UI/UX 设计师只需要将项目背景、用户需求、用户画像和设计意图告诉 ChatGPT，让 ChatGPT 提出设计方案，然后由设计师自己在反复的互动迭代过程中进行方案的选择。在应用编码阶段，程序员首先向 ChatGPT 描述高层设计方案和具体代码的实现逻辑，然后让 ChatGPT 生成代码示例。在测试阶段，测试工程师首先提出应用的设计要求、实现的代码和测试要求，然后让 ChatGPT 制定具体的测试大纲，甚至直接完成测试工作。

1.7 小结

随着 ChatGPT 等人工智能技术的出现，软件开发行业将面临革命性的变化。尽管如此，软件开发过程仍然需要遵循其固有的生命周期，并在瀑布、迭代和敏捷模式中根据项目需求、团队情况、客户期望和市场环境，来选择最适合自己项目的模式。在使用 ChatGPT 驱动软件开发的过程中，我们发现在 ChatGPT 场景下，水母开发模式可以更加充分地发挥 ChatGPT 的作用，而且可以避免项目团队成员过多造成的沟通复杂和协调困难等问题。另外，在向 ChatGPT 提问的时候，要遵循以核心、详细、背景、优先级、具体、限制和输出为关键词的结构化提问法，从而获得更精准、更高效、更适合和更有价值的答案，减少迭代和摸索的时间，提高开发的效率，更好地发挥 ChatGPT 的作用。

ChatGPT 驱动需求分析

在 SDLC 的用户需求分析阶段，产品经理的主要任务是收集、分析并且明确用户需求。需求分析的目标是确保团队对用户需求有一个清晰、完整的理解，从而为后续的开发提供准确指导。用户需求是软件开发的基石，也是项目成功的关键因素。本章将结合 TMS 的开发案例，集中讨论如何利用强大的 ChatGPT 来收集、分析、管理和优化用户需求。首先，我们将介绍如何使用 ChatGPT 来收集用户需求；接着，探讨如何利用 ChatGPT 对用户需求进行分析及优化；最后，根据用户需求分析结果和开发团队的实际情况，由 ChatGPT 生成需求规格说明书。这将为后续的软件架构设计和应用代码编写等工作奠定坚实的基础。

2.1　借助 ChatGPT 收集用户需求

本节将介绍如何利用 ChatGPT 从用户和相关利益方那里收集需求信息，以便更全面地了解用户需求。首先，明确软件开发的目标用户群体。这将有助于更有效地确定软件需求收集和分析的方向。通常，软件应用可分为面向企业（To B）和面向个人（To C）两大类。

面向企业的软件主要针对企业用户，其需求特点总结如下。

- **逻辑复杂**：企业软件通常具有涉及部门众多、流程冗长、逻辑复杂等特点，所以需要更加详细、深入地分析和定义业务过程，以处理好这些复杂的用户需求。
- **流程烦琐**：企业软件可能涉及多个部门、角色和权限，有的时候甚至涉及外部的数据来源，因此需要处理更加复杂的工作流程。
- **规模庞大**：企业软件通常具有较大的用户基数和数据量，而且往往涉及大量用户使用的高并发性和"7×24×365"这样的高可用性。
- **开发周期长**：由于项目规模庞大和内部逻辑关系错综复杂，所以面向企业的软件开发通常都需要比较长的时间才能实现。

面向个人的软件主要针对个人用户，其需求特点总结如下。

- **易用性**：个人用户对软件的操作要求比较高，需要软件产品设计得简单直观、方便易用、无师自通。这个要求比企业软件的要求高很多。
- **美观**：外观设计和界面布局对个人用户来说非常重要，美观耐看的设计会增加对用户的吸引力，让用户爱不释手。这也是个人软件与企业软件不同的地方。
- **功能简洁**：个人用户的群体比较广泛，涵盖了不同年龄、性别、职业和背景的人群，所以软件产品通常更趋向于功能简单明了，不需要过多复杂的设置和选项。
- **自然交互**：个人软件的选择比较多，而且免费的软件占多数。所以在用户界面交互方面必须注重用户体验，提供流畅、自然的交互方式。

通过确定软件的目标用户群体，可以更好地聚焦需求收集和分析过程，从而优化软件的开发过程。根据所要开发软件的目标用户群体，从各种渠道收集目标用户的意见和建议。这些渠道可能包括在线调查、社交媒体、用户论坛和客户支持记录等。这个阶段的工作主要由产品经理负责，也可以在 ChatGPT 的助力下完成。ChatGPT 的出现让不太聚焦技术开发的产品经理有了强大的工具，从而可以更加快速、方便地完成目标用户的数据收集。下面以一个简单的例子来说明如何借助 ChatGPT 搜集市场信息。

某产品经理想要在互联网上搜集关于日本餐饮业务相关的企业信息。在 ChatGPT 出现之前，比较标准的做法是去搜索网站上做一次搜索，输入的关键词大概是"日本餐饮业务相关的企业信息"。搜索引擎真的很快，用 0.44s 返回了 16 800 000 条结果，也就是不到一眨眼的时间（0.5s）找到了 1600 万条结果，如图 2-1 所示。

图 2-1　强大的搜索引擎返回海量的搜索结果

如果我们真正去逐条阅读这 1600 万条结果，那么按照每秒读一条的速度，大约需要不眠不休 195 天才能读完，显然这是不可能的事情。只看排在前面的信息往往又是广告推荐。如果我们把同样的任务交给 ChatGPT 来完成，对话的过程和结果如下。

日本餐饮业务相关的企业信息

在日本餐饮业务中，有许多知名的连锁餐厅和企业。以下是一些著名的日本餐饮公司及其官方网站链接：

吉野家（Yoshinoya）https://www.yoshinoya.com/

龙宝（Torikizoku）https://www.torikizoku.co.jp/

丸龟制面（Marugame Seimen）https://www.marugame-seimen.com/

一兰拉面（Ichiran）https://www.ichiran.co.jp/

MOS Burger https://www.mos.jp/

Sukiya https://www.sukiya.jp/

CoCo 壱番屋（CoCo Ichibanya）https://www.ichibanya.co.jp/

京都岚山咖啡（Arashiyama Coffee）https://arashiyama-coffee.com/

东京烧肉（Tokyo Horumon）http://www.tokyo-horumon.com/

大户屋（Ootoya）https://www.ootoya.com/

以上企业涵盖了各种不同的日本餐饮业务类型，包括快餐、拉面、寿司、烧肉等。为了更好地了解这些企业的业务、产品和服务，建议访问它们的官方网站以获取详细信息。此外，您还可以查阅日本餐饮行业的市场报告以获取更多行业信息。

显然，ChatGPT 能直接返回答案，这远比之前返回很多个互联网信息来源，然后需要你自己去逐个阅读分析更进了一步。如果产品经理想要在此基础上继续搜索更为详细的信息，可以重新调整自己的问题，甚至可以让 ChatGPT 生成网站爬虫，从那些感兴趣的网站上爬取自己需要的数据。所以，产品经理如果能够很好地使用 ChatGPT 的强大能力，可以在短时间内把自己的知识和经验水平快速提升到行业专家的高度，从而做出更高水平的需求分析和产品设计。

本书将以某支付公司 TMS 软件的开发为例展开讨论。产品经理首先根据公司内部业务的要求，初步定义了 TMS 软件的基本用户需求。

❑ 覆盖范围：支付公司部署在各地的 POS 机。

❑ 目标用户：支付公司内部的 POS 机管理者。

❑ 核心功能：软件管理、密钥管理、设备管理、参数管理。

❑ 支撑功能：通知管理、远程支持、日志管理、用户管理。

❑ 用户规模：5 个 POS 机管理员。

❑ 终端数量：目前已经有 100 万台 POS 机。

❑ 性能要求：50 个并发请求，3s 响应。

❑ 安全要求：能通过 PCI-DSS 认证和品牌认证。

❑ 扩展要求：可以随着业务的发展无障碍扩展。

在此基础之上，产品经理与 ChatGPT 进行了第一轮对话，以获得更有价值而且更详细的产品需求信息。然后，产品经理消化和吸收了 ChatGPT 的建议，修改和优化了前面提出的问题，再次提交给 ChatGPT，最后完成了针对 TMS 用户需求的正式报告。

覆盖范围：支付公司部署在各地的 POS 机。

目标用户：支付公司内部的 POS 机管理者。

核心功能：软件管理、密钥管理、设备管理、参数管理。

支撑功能：通知管理、远程支持、日志管理、用户管理。

用户规模：5 个 POS 机管理员。

终端数量：目前已经有 100 万台 POS 机。

性能要求：50 个并发请求，3s 响应。

安全要求：能通过 PCI-DSS 认证和品牌认证。

扩展要求：可以随着业务的发展无障碍扩展。

从用户需求数据搜集的角度，是否还有什么遗漏的方面？

从用户需求数据的角度，可以考虑以下几个方面以获取更全面的信息。

参数管理：了解支付公司在 POS 机上使用的参数设置，是否需要一个参数管理模块来配置和更新这些参数。

日志管理：收集关于 POS 机日志需求的信息，了解支付公司是否需要查看和分析设备的操作日志和系统日志，以便于监控和排查问题。

报警和通知：了解支付公司是否需要实时接收 POS 机的故障报警和系统通知，以便及时处理问题。

远程诊断和维护：询问支付公司是否需要远程诊断和维护 POS 机的功能，以便在发现问题时可以快速解决。

数据备份和恢复：探讨支付公司在数据备份和恢复方面的需求，了解是否需要定期备份数据并在发生数据丢失时能够恢复数据。

用户培训和支持：了解支付公司的培训和支持需求，包括在线帮助文档、培训课程以及技术支持服务等。

系统集成：询问支付公司是否需要将 TMS 与其他内部系统（如财务、运营等）进行集成，以实现数据共享和业务协同。

报表和分析：收集关于报表和数据分析的需求信息，了解支付公司是否需要根据 POS 机的运行数据生成报表和进行数据分析，以便于决策支持。

通过收集这些补充信息，您将能够更全面地了解支付公司的需求，从而开发出更符合需求的 TMS 产品。

产品经理吸收了 ChatGPT 的建议之后，重新整理和概括出了更加全面的 TMS 用户需求。其中有些建议没有被产品经理采纳，主要原因是支付公司已经有其他的系统可以提供相关的支持功能。例如，日志管理、数据备份与恢复、用户培训与技术支持、系统集成、报表和分析，以及报警和通知都不需要在 TMS 里面单独实现。产品经理最终形成了如表 2-1 所示的用户需求描述。

表 2-1　优化之后最终形成的用户需求描述

用户需求	具体描述	用户需求	具体描述
目标用户	支付公司内部的 POS 机管理者	设备管理	设备的分配、添加、回收、监控与禁用
覆盖范围	支付公司部署在各地的 POS 机	软件管理	设备的固件和软件的升级
用户规模	5 个 POS 机管理员	密钥管理	远程向设备注入、修改与禁用密钥
终端数量	目前已经有 100 万台 POS 机	远程支持	在发现 POS 机问题时可以远程解决
性能要求	50 个并发请求，3s 响应	日志管理	收集、存储、展示和分析 POS 日志
安全要求	能通过 PCI-DSS 认证和品牌认证	通知管理	通知管理员关键事件和设备状态变化
扩展要求	可以随着业务的发展无障碍扩展	用户管理	添加、删除、修改用户信息和权限等
参数管理	配置和更新终端 POS 的参数		

在向 ChatGPT 提出用户需求分析的问题之前，产品经理先采用第 1 章中提到的结构化提问法来准备想要提出的问题，如表 2-2 所示。

表 2-2　用结构化提问法准备 TMS 用户需求分析需要的信息

#	关键词	问题
1	核心	某支付公司计划开发 TMS 以管理 POS 机
2	详细	目标用户：支付公司内部的 POS 机管理员 覆盖范围：支付公司在各地部署的 POS 机 用户规模：5 个 POS 机管理员 终端数量：已有 100 万台 POS 机 性能要求：50 个并发请求，3s 响应 安全要求：能通过 PCI-DSS 认证和品牌认证

（续）

#	关键词	问题
2	详细	扩展要求：业务发展时可无障碍扩展 参数管理：配置与更新 POS 终端参数 设备管理：负责设备分配、添加、回收、监控和禁用 软件管理：负责设备固件和软件升级 密钥管理：远程向设备注入、修改和禁用密钥 远程支持：在发现 POS 机问题时可以远程解决 日志管理：收集、存储、展示和分析 POS 日志 通知管理：通知管理员关键事件和设备状态变化 用户管理：添加、删除、修改用户信息和权限等
3	背景	开展信用卡收单业务，需要管理大量为商户配置的 POS 机
4	优先级	需要知道 TMS 的功能分成哪些层次 需要知道每个层次都有哪些功能模块 想知道哪些模块必须优先做，哪些可以放在后续实现
5	具体	根据用户需求信息，完成 TMS 的需求分析
6	限制	与已经存在的商户信息系统集成 与中央应用日志处理（CAL）服务（简称日志处理服务）集成 与通知发送服务（CNS）集成 与单点登录（SSO）服务集成
7	输出	请输出用户需求分析报告

2.2　借助 ChatGPT 分析用户需求

首先，在充分调研用户和市场的基础上，产品经理将所有收集到的信息整理成一个结构化格式的数据文件，以便进一步分析。这需要用到创建 Excel 电子表格、数据库或其他的数据管理工具。然后，可以与 ChatGPT 对话，对整理后的需求数据进行更加深入的分析，提取关键词、主题和潜在需求，进而形成产品策略，帮助我们更好地理解用户的关注点、痛点及潜在需求，为后续的软件系统设计与开发打好基础。最后，产品经理采用结构化提问法，关注核心、详细、背景、优先级、具体、限制和输出七个要素，对要提出的问题进行检查。通过检查的结果可以判断产品经理所提出的问题是否符合结构化提问法的要求。产品经理按照结构化提问法的七要素对问题进行系统性描述将有助于 ChatGPT 对所提出的问题进行更加深入的理解和分析。以下是产品经理从用户需求的角度对 TMS 进行需求分析的过程。

1. 核心问题：某支付公司计划开发 TMS，用来管理 POS 机。

2. 详细要求：

覆盖范围：支付公司部署在各地的 POS 机。

目标用户：支付公司内部的 POS 机管理者。

主要功能：软件管理、密钥管理、设备管理。

用户规模：5 个 POS 机管理员。

终端数量：目前已经有 100 万台 POS 机。

性能要求：50 个并发请求，3s 响应。

安全要求：能通过 PCI-DSS 认证和品牌认证。

扩展要求：可以随着业务的发展无障碍扩展。

3. 项目背景：

开展信用卡收单业务，需要管理大量为商户配置的 POS 机。

4. 优先级：

首先，我需要知道 TMS 的功能分成哪些层次。

其次，我需要知道每个层次都有哪些功能模块。

最后，我想知道哪些模块必须优先做，哪些可以放在后续实现。

5. 具体问题：

根据需求信息，完成 TMS 的需求分析。

6. 限制条件：

与已经存在的商户信息系统集成；

与日志处理服务集成；

与通知发送服务集成；

与单点登录服务集成。

7. 输出格式：请分两次输出用户需求分析报告。

用户需求分析报告

一、项目背景

某支付公司计划开发 TMS，用以管理部署在各地的 POS 机。主要目的是更好地开展信用卡收单业务，有效管理大量为商户配置的 POS 机。

二、需求概述

服务对象：支付公司部署在各地的 POS 机。

目标用户：支付公司内部的 POS 机管理者。

用户规模：5 个 POS 机管理员。

终端数量：目前已经有 100 万台 POS 机。

性能要求：50 个并发请求，3s 响应。

安全要求：能通过 PCI-DSS 认证和品牌认证。

扩展要求：可以随着业务的发展无障碍扩展。

三、功能层次划分

核心功能层：设备管理、参数管理、软件管理和密钥管理。

支撑功能层：远程支持、通知管理、日志管理和用户管理。

四、功能模块详细说明

1. 核心功能层

设备管理：设备信息查询、设备状态监控、设备远程操作。

参数管理：参数设置、参数更新、参数查询。

软件管理：软件版本控制、软件更新、软件安装和卸载。

密钥管理：密钥生成、密钥更新、密钥分发、密钥注销。

2. 支撑功能层

远程支持：远程连接 POS 机、远程维护等功能。

日志管理：日志收集、日志分析、日志报告。

通知管理：故障通知、更新通知、安全通知。

用户管理：单点登录、权限管理、用户认证。

五、优先级划分

1. 必须优先实现核心功能层

2. 可以后续实现支撑功能层

六、风险与挑战

安全风险：金融 POS 机涉及敏感信息，因此安全性要求较高。在开发过程中需要严格遵守 PCI-DSS 认证和品牌认证的要求，确保系统的安全性。

性能要求：TMS 需要满足 50 个并发请求和 3s 响应的性能要求，这将对系统架构和性能优化提出挑战。

系统集成：与日志处理服务、通知发送服务和单点登录服务集成。在开发过程中，需要考虑系统间的兼容性和数据交换问题。

可扩展性：随着业务的发展，TMS 需要具备良好的可扩展性，以支持更多的 POS 机和用户。在设计和开发过程中，需要考虑系统的可扩展性和可维护性。

七、结论

本报告详细分析了支付公司计划开发的 TMS 的用户需求，包括功能层次划分、功能模块说明和优先级划分。实施建议为分阶段实现核心功能层和支撑功能层，并持续优化与扩展。同时，报告指出了项目实施过程中可能面临的风险与挑战，包括安全风险、性能要求、系统集成和可扩展性等。为确保项目的顺利进行和系统的稳定运行，建议支付公司在开发过程中重视这些问题，并采取相应的措施加以应对。

2.3 借助 ChatGPT 优化用户需求

产品经理根据用户需求搜集的数据，配合 ChatGPT 系统性地分析用户需求并生成相关的用户需求分析报告。尽管用户需求分析报告已经可以告诉产品技术团队应该做什么和要做到什么程度，但是我们仍然需要根据团队、技能、时间、资源和技术等具体限制条件来优化用户需求分析报告。也就是要再向前走一步，通过增加约束条件策略性地把相关的功能分类和排列优先级。这样就可以帮助我们确定哪些需求是最紧迫的，哪些可以稍后解决。

在有些情况下，例如项目投资规模比较大、项目周期比较长或者应用系统过于复杂，需要在正式开发软件之前，先做用户访谈、原型系统概念验证（POC），以便验证所收集的需求与用户实际的真实需要相符合，然后根据收集和验证的需求，规划产品功能、设计和开发，确保产品能够满足用户的核心需求。TMS 软件的用户需求分析报告已经完成，下面我们将与 ChatGPT 配合，进一步制定合适和有效的产品策略，包括不同功能实现的顺序和优先级等。

1. 团队资源

可以参与该软件开发的资源情况：1 个产品经理，1 个架构师，1 个前端开发工程师，1 个后端开发工程师，1 个测试工程师，0.3 个项目管理师，0.3 个运维工程师，0.2 个信息安全工程师，0.2 个 UI/UX 工程师，0.2 个性能测试工程师。

2. 业务约束

配合销售团队的市场开拓活动，公司希望 TMS 软件能够在 2 个月内完成架构设计、代码开发、功能测试、性能测试、安全测试和运维部署，之后交给产品运营团队为用户提供培训和支持，同时负责上线后的日常数据采集和分析的工作。

请根据 TMS 用户需求分析报告，综合考虑以上现实因素，帮助制定合适和有效的产品策略，包括对产品功能的分类、不同类别产品的开发优先级。

根据现实因素和业务约束，我们为 TMS 软件制定如下产品策略。

一、产品功能分类

核心功能：设备管理、参数管理。

次要功能：软件管理、密钥管理。

支撑功能：与商户信息系统集成、与日志处理服务集成。

增值功能：与通知发送服务集成、与单点登录服务集成。

二、开发优先级

第一优先级：核心功能。

第二优先级：次要功能。

第三优先级：支撑功能。

第四优先级：增值功能。

三、产品策略建议

项目启动阶段：产品经理负责梳理需求，架构师负责设计系统架构。前端、后端、UI工程师和信息安全工程师共同参与讨论，明确项目技术选型和功能模块划分。

四、开发阶段

第一阶段：聚焦于核心功能的开发，前端、后端、UI工程师协同工作，测试工程师负责编写测试用例。项目管理师、运维工程师、数据库管理员和性能测试工程师提供必要支持。

第二阶段：完成次要功能的开发，测试工程师进行功能测试和性能测试。同时，项目管理师、运维工程师、数据库管理员和信息安全工程师对项目进行安全评估和风险控制。

第三阶段：实现支撑功能，与商户信息系统和日志处理服务集成。测试工程师负责验证集成的正确性和稳定性。

第四阶段：开发增值功能，与通知发送服务和单点登录服务集成。测试工程师进行相关测试。

交付阶段：在2个月内完成所有功能模块的开发和测试。运维工程师负责部署和上线。项目管理师、产品经理和运营团队共同制定培训和支持计划，为用户提供培训和支持。

后续优化：在产品上线后，运营团队负责收集用户反馈和数据分析，产品经理根据反馈持续优化产品功能。项目管理师、运维工程师、数据库管理员和信息安全工程师持续关注系统安全和稳定性。

综合考虑现实因素和业务约束，按照上述产品策略进行项目实施，可确保TMS软件在2个月内完成各项任务，同时满足用户需求和市场期望。在实施过程中，团队成员需要紧密协作，确保项目按计划推进。

五、风险与应对措施

时间压力：由于项目周期较短，可能导致部分功能实现不完善。建议采用敏捷开发模式，快速迭代和持续改进，确保关键功能的稳定运行。

资源限制：在团队资源有限的情况下，需要合理安排人力资源，确保各个阶段的工作顺利进行。在关键节点，如测试和部署阶段，可以适当调整资源分配，以保证项目的顺利推进。

技术挑战：在开发过程中，我们可能遇到技术难题，如性能优化、安全加固等。建议团队成员积极学习和分享经验，及时解决问题。如有必要，可以寻求外部专业支持。

用户培训与支持：在项目交付阶段，用户培训和支持至关重要。建议运营团队制定详细的培训计划，确保用户能够熟练使用 TMS。同时，提供在线支持和文档，以便用户随时查阅来解决问题。

通过以上分析，我们认为在现实因素和业务约束的条件下，上述产品策略是合适且有效的。在实施过程中，请务必关注潜在的风险和挑战，并积极采取措施加以应对，以确保项目的成功实施和系统的稳定运行。同时，保持团队成员之间的良好沟通和协作，以实现 TMS 软件的快速开发和高质量交付。

另外，为了更清晰地掌握用户需求，我们可以通过咨询 ChatGPT 来为目标用户画像。这将帮助我们更准确且直观地了解用户在使用产品或应用时的具体场景和需求细节。另外，用户画像也将为 UI/UX 设计师在设计相关产品界面时提供一些素材甚至带来部分灵感。

请根据上面讨论过的 TMS 的目标用户进行画像，希望能输出对用户形象和具体使用情况的具体描述。

根据之前关于 TMS 的讨论，我们为目标用户创建如下用户画像。

1. 身份：支付公司内部的 POS 机管理员。

2. 职责：

❏ 管理支付公司在各地部署的 POS 机；

❏ 配置和更新 POS 终端参数；

❏ 远程解决 POS 机问题；

❏ 设备分配、添加、回收、监控和禁用；

❏ 设备固件和软件升级；

❏ 远程为设备注入、修改和禁用密钥。

3. 技能：

❏ 熟悉 POS 机硬件和软件操作；

❏ 对金融行业及支付流程有一定了解；

❏ 具备一定的问题排查和解决能力；

❏ 了解信息安全和 PCI-DSS 认证要求。

4. 需求：

❏ 能够有效地管理大量 POS 机设备；

❏ 快速响应和解决 POS 机问题；

❏ 保证 POS 机设备的安全和稳定运行；

❏ 随着业务发展，系统能够无障碍扩展。

5. 使用场景：

❏ 当需要新增或替换 POS 机时，管理员需要在 TMS 中添加或更新设备信息；

❏ 当 POS 机出现故障或异常时，管理员需要远程诊断并解决问题；

❏ 当需要更新 POS 机的参数、固件或软件时，管理员通过 TMS 进行操作；

❏ 当需要管理密钥时，管理员通过 TMS 进行远程操作。

通过以上用户画像，我们可以更清晰地了解目标用户在使用 TMS 时的具体需求和场景，从而为产品设计和功能开发提供针对性的指导。

图 2-2 总结了借助 ChatGPT 分析用户需求，生成用户需求分析报告、用户画像和需求规格说明书的过程。

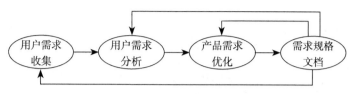

图 2-2　ChatGPT 驱动需求分析

2.4　ChatGPT 生成需求规格说明书

在软件开发生命周期的早期阶段，由产品经理负责收集、分析和整合用户需求信息，然后与开发团队、业务团队和其他相关人员进行沟通、权衡和协商，从而制定出产品需求文档。产品需求文档是一份详细的文档，描述了产品的功能、性能、用户体验、安全性、可靠性等方面的需求，以确保产品开发与最初的用户需求一致，并在开发过程中提供指导和帮助。产品需求文档通常包括以下几个方面。

- ❑ **需求规格说明书**：详细描述系统的功能需求、性能需求、界面需求、数据需求、安全需求、接口需求等，并将其组织成文档形式，以便于客户和开发团队的理解和确认。
- ❑ **用例规约**：描述系统的各个用例，包括用例名称、用例描述、参与者、前置条件、基本流程、扩展流程、异常处理等，以便于开发团队理解用例的具体要求和场景。
- ❑ **界面原型设计**：通过界面原型图展示系统的界面设计，包括界面元素的布局、样式、交互等，以便于客户和开发团队对系统的界面进行确认和修改。
- ❑ **数据字典**：详细描述系统中所使用的各种数据元素的定义、属性、关系、数据类型等，以便于开发团队理解数据的具体要求和关系。
- ❑ **需求跟踪矩阵**：将需求规格说明书中的各个需求与测试用例、代码模块、设计文档等相对应，以便于需求的跟踪和实现。

产品需求文档的重要性不言而喻，它为产品开发提供了明确的指导，减少了开发团队和业务团队之间的沟通成本，避免了后期的修改和补救工作。同时，产品需求文档也是产品交付的重要成果之一，客户和其他相关人员可以通过文档了解产品的具体要求和设计。

我们将继续以 TMS 开发为例，讨论产品经理如何在用户需求分析的基础上通过与 ChatGPT 的配合生成需求规格说明书。以下是产品经理与 ChatGPT 互动的过程。

请根据上述用户需求报告生成需求规格说明书的目录。

需求规格说明书目录

1　引言

1.1　编写目的

1.2　背景信息

1.3　项目范围

1.4　文档概述

1.5　术语和缩略语解释

2　总体描述

2.1　产品概述

2.2　系统架构

2.3　系统组成模块

2.4　用户角色及其职责

2.5　操作环境

3　功能需求

3.1　核心功能层

3.1.1　设备管理

3.1.2　参数管理

3.1.3　软件管理

3.1.4　密钥管理

3.2　支撑功能层

3.2.1　远程支持

3.2.2　日志管理，与日志处理服务集成

3.2.3　用户管理，与单点登录服务集成

3.2.4　通知管理，与通知发送服务集成

4　性能需求

4.1　响应时间

4.2　吞吐量

4.3　可用性

4.4　可扩展性

5　界面需求

5.1　用户界面

5.2　硬件接口

5.3　软件接口

5.4　通信接口

6　数据需求

6.1　数据定义

6.2　数据流程

6.3　数据完整性

6.4　数据安全性

6.5　数据备份和恢复

7　安全需求

7.1　访问控制

7.2　安全审计

7.3　数据保密

7.4　安全性标准和认证

8　接口需求

8.1　系统集成

8.2　数据交换和兼容性

9　系统维护与支持

9.1　维护策略

请生成需求规格说明书的引言部分。

需求规格说明书

1 引言

1.1 编写目的

本需求规格说明书旨在明确支付公司计划开发的终端管理系统（TMS）的功能需求、性能需求、界面需求、数据需求、安全需求以及接口需求等方面的详细信息。本文档将作为项目开发团队、测试团队和客户沟通的基础，确保项目的顺利进行和达到预期目标。

1.2 背景信息

某支付公司计划开发 TMS，用以管理部署在各地的 POS 机。主要目的是更好地开展信用卡收单业务，有效管理大量为商户配置的 POS 机。

1.3 项目范围

本项目的主要目标是实现支付公司内部 POS 机的有效管理，包括设备管理、参数管理、软件管理和密钥管理等功能。同时，系统还需与已有的商户信息系统、日志处理服务、通知发送服务和单点登录服务集成。在满足基本功能需求的基础上，确保系统具备良好的性能、安全性和可扩展性。

1.4 文档概述

本文档将详细描述 TMS 的各项需求。

功能需求：描述系统需要实现的各项功能。

性能需求：描述系统在运行过程中需要满足的性能指标。

界面需求：描述系统用户界面和管理员界面的设计要求。

数据需求：描述系统对数据存储、备份和迁移的需求。

安全需求：描述系统在安全方面需要遵循的规范和措施。

接口需求：描述系统与其他系统之间的接口要求。

1.5　术语和缩略语解释

TMS：Terminal Management System，终端管理系统。

POS：Point Of Sale，销售点，即收银终端。

PCI-DSS：Payment Card Industry Data Security Standard，支付卡行业数据安全标准。

CAL：Central Application Logging，中央应用日志。

CNS：Central Notification Service，通知发送服务。

SSO：Single Sign-On，单点登录。

2　总体描述

2.1　产品概述

2.2　系统架构

2.3　系统组成模块

2.4　用户角色及其职责

2.5　操作环境

请按照上述的目录结构，生成总体描述的文本。

2　总体描述

2.1　产品概述

本项目旨在为支付公司开发一个 TMS，用于管理部署在各地的 POS 机。该系统将帮助支付公司更有效地开展信用卡收单业务，以及管理为商户配置的大量 POS 机。TMS 的目标用户为支付公司内部的 POS 机管理者，主要功能包括设备管理、参数管理、软件管理、密钥管理等。

2.2 系统架构

TMS采用分布式架构，包括前端界面、后端服务器和数据库三个主要部分。前端界面为用户提供友好的操作界面；后端服务器负责处理业务逻辑和与其他系统的集成；数据库负责存储系统的数据。

2.3 系统组成模块

TMS主要由以下模块组成。

❑ 核心功能层：包括设备管理、参数管理、软件管理和密钥管理。

❑ 支撑功能层：包括与商户信息系统、日志处理服务、通知发送服务和单点登录服务集成。

2.4 用户角色及其职责

TMS主要针对以下用户角色。

❑ POS机管理员：负责管理部署在各地的POS机，包括设备管理、参数管理、软件管理和密钥管理等。

❑ 系统管理员：负责维护TMS，包括系统配置、性能优化、安全维护等。

❑ 商户：通过与商户信息系统集成，实时同步商户信息，以便于POS机管理员进行设备管理。

2.5 操作环境

TMS需要在以下环境下运行。

❑ 计算：基于云服务的容器管理平台。

❑ 数据库：MySQL。

❑ 网络环境：需要支持与商户信息系统、日志处理服务、通知发送服务和单点登录服务的集成。

❑ 系统资源：需要满足50个并发请求和3s响应的性能要求。

3 功能需求

3.1 核心功能层

3.1.1　设备管理

3.1.2　参数管理

3.1.3　软件管理

3.1.4　密钥管理

3.2　支撑功能层

3.2.1　远程支持

3.2.2　日志管理，与日志处理服务集成

3.2.3　用户管理，与单点登录服务集成

3.2.4　通知管理，与通知发送服务集成

请根据以上的目录结构，生成需求规格说明书中功能需求部分的文本。

3　功能需求

3.1　核心功能层

3.1.1　设备管理

设备管理功能主要包括设备信息查询、设备状态监控、设备远程操作等功能。用户可以通过设备管理界面查询部署在各地的POS机的基本信息，实时监控设备的运行状态，以及在需要时对设备进行远程操作，如重启、关闭等。

3.1.2　参数管理

参数管理功能包括参数设置、参数更新和参数查询。用户可以在参数管理界面设置和调整POS机的运行参数，实时更新设备参数，以确保设备正常运行。同时，用户还可以查询设备的当前参数设置，以便进行参数调优或故障排查。

3.1.3　软件管理

软件管理功能涵盖了软件版本控制、软件更新、软件安装和卸载等功能。用户可以在软件管理界面查看POS机上安装的软件版本，进行软件更新操作，以及在需要时安装或卸载软件。此功能有助于确保POS机上的软件始终保持最新状态，提高设备的安全性和稳定性。

3.1.4　密钥管理

密钥管理功能主要包括密钥生成、密钥更新、密钥分发和密钥注销等功能。用户可以在密钥管理界面生成和更新 POS 机所需的密钥信息，实现密钥的安全分发，并在必要时对密钥进行注销操作。此功能对于保障 POS 机的安全性至关重要。

3.2　支撑功能层

3.2.1　远程支持

远程支持功能使得管理员可以远程连接到 POS 机，为商户提供实时的技术支持和问题解决。这有助于提高客户满意度，降低维护成本。

3.2.2　日志管理，与日志处理服务集成

日志管理功能通过与日志处理服务集成，实现了日志收集、日志分析和日志报告等功能。用户可以在日志管理界面查看和分析 POS 机的运行日志，以便及时发现和解决设备问题。

3.2.3　用户管理，与单点登录服务集成

用户管理功能通过与单点登录服务集成，实现了单点登录、权限管理和用户认证等功能。管理员可以在用户管理界面为不同角色的用户分配不同的权限，确保系统安全性。

3.2.4　通知管理，与通知发送服务集成

通知管理功能通过与通知发送服务集成，实现了故障通知、更新通知和安全通知等功能。用户可以在通知管理界面查看和处理来自 POS 机的各种通知，确保设备的正常运行和安全性。

4　性能需求

4.1　响应时间

4.2　吞吐量

4.3　可用性

4.4　可扩展性

请根据以上的目录结构，生成需求规格说明书中性能需求部分的文本。

4 性能需求

4.1 响应时间

响应时间是衡量系统性能的关键指标之一。为了提供良好的用户体验，TMS应保证在各种操作场景下的快速响应。具体要求如下：

❑ 设备管理操作的响应时间不得超过 2s。

❑ 参数管理操作的响应时间不得超过 1s。

❑ 软件管理操作的响应时间不得超过 3s。

❑ 密钥管理操作的响应时间不得超过 1s。

❑ 其他支撑功能操作的响应时间不得超过 2s。

4.2 吞吐量

吞吐量是指系统在单位时间内处理请求的数量。TMS应具备较高的吞吐量，以支持大规模的 POS 机管理。具体要求如下：

❑ 系统应能支持至少 1000 台 POS 机同时在线。

❑ 系统应能支持每秒至少 100 次的设备操作请求。

❑ 系统应能支持每秒至少 50 次的参数、软件和密钥管理请求。

4.3 可用性

可用性是衡量系统可靠性和稳定性的重要指标。TMS 应具备高可用性，以确保用户可以随时访问和使用。具体要求如下：

❑ 系统应保证 99.9% 的正常运行时间。

❑ 系统应能在故障发生后尽快恢复正常运行，故障恢复时间不得超过 30min。

❑ 系统应提供数据备份与恢复功能，确保数据安全。

4.4 可扩展性

可扩展性是指系统在面对不断增长的用户和业务需求时，能够通过扩展资源来提升处理能力。TMS 应具备良好的可扩展性，以适应未来业务的发展。具体要求如下：

❑ 系统应支持横向扩展，以应对不断增长的设备和用户数量。

❑系统应支持纵向扩展，以提高单个模块的处理能力。

❑系统应具备模块化设计，方便在未来根据业务需求增加新功能。

5　界面需求

5.1　用户界面

5.2　硬件接口

5.3　软件接口

5.4　通信接口

请根据以上的目录结构，生成需求规格说明书中界面需求部分的文本。

5　界面需求

5.1　用户界面

为了提供良好的用户体验，TMS 的用户界面应具备以下特点：

❑界面设计简洁、美观，易于操作。

❑提供清晰的导航结构，方便用户快速定位到所需功能。

❑各操作页面应提供明确的提示和错误信息，便于用户理解和纠正操作。

❑界面应具备良好的响应式设计，支持在不同尺寸和分辨率的设备上使用。

5.2　硬件接口

TMS 应与 POS 机的硬件接口兼容，以实现设备管理、参数管理、软件管理和密钥管理等功能。硬件接口需求包括：

❑支持 POS 机常见接口类型，如 USB、串口、以太网等。

❑支持 POS 机的设备信息读取、参数配置、软件升级和密钥更新等操作。

❑提供硬件接口的 API 文档，以便于开发工程师进行集成。

5.3　软件接口

TMS 需要与以下软件系统进行集成。

❑日志处理服务：TMS 应通过 CAL 接口实现日志管理功能。

❑ 单点登录服务：TMS 应通过 SSO 接口实现用户管理和认证功能。

❑ 通知发送服务：TMS 应通过 CNS 接口实现通知管理功能。

对于每个软件接口，应提供详细的接口文档，包括接口定义、数据格式、通信协议等信息，以便于开发工程师进行集成。

5.4 通信接口

TMS 应支持以下通信接口，以实现与 POS 机、CAL、SSO 和 CNS 等系统之间的数据传输：

❑ 支持 HTTP/HTTPS，用于与 POS 机和第三方服务进行通信。

❑ 支持 TCP/IP，用于与 POS 机建立稳定、高效的数据通道。

❑ 支持 WebSocket 协议，用于实时通信和推送通知。

6 数据需求

6.1 数据定义

6.2 数据流程

6.3 数据完整性

6.4 数据安全性

6.5 数据备份和恢复

请根据以上的目录结构，生成需求规格说明书中数据需求部分的文本。

6 数据需求

6.1 数据定义

TMS 涉及的数据包括设备信息、参数配置、软件版本、密钥数据、用户信息、操作日志和通知消息等。针对这些数据，需要定义清晰的数据结构和字段，以便于存储、查询和处理。数据定义应遵循一致性和易于理解的原则，以便于后续开发和维护。

6.2 数据流程

TMS 的数据流程涉及数据的创建、查询、更新、删除等操作。为确保数据流程的正确性和高效性，应设计合理的数据流程图，明确各操作的先后顺序和依赖关系。此外，应确保数据流程与系统的功能需求和性能需求相一致，以实现系统的整体优化。

6.3 数据完整性

为确保数据的正确性和一致性，TMS应实施严格的数据完整性检查。具体措施包括：

❑ 对输入数据进行有效性验证，防止非法数据进入系统。

❑ 对关键数据设置唯一性约束，避免数据重复。

❑ 使用事务处理机制，确保多个操作在同一个事务中完成，以保证数据的一致性。

6.4 数据安全性

TMS应采取一系列措施，确保数据的安全性。这些措施包括：

❑ 使用加密技术对敏感数据（如密码、密钥等）进行加密存储。

❑ 限制对敏感数据的访问权限，确保只有授权用户可以访问。

❑ 实施安全审计机制，对数据操作进行监控和记录，以便于追踪和分析安全事件。

6.5 数据备份和恢复

为防止数据丢失和故障，TMS应实施数据备份和恢复策略。具体措施包括：

❑ 定期对系统数据进行备份，以防止数据丢失。

❑ 将备份数据存储在安全、可靠的存储介质上，以防止数据损坏。

❑ 设计并实施数据恢复流程，确保在发生故障时能够迅速恢复系统数据。

❓

7 安全需求

7.1 访问控制

7.2 安全审计

7.3 数据保密

7.4 安全性标准和认证

请根据以上的目录结构，生成需求规格说明书中安全需求部分的文本。

7 安全需求

7.1 访问控制

TMS应实施严格的访问控制策略，以保护系统资源免受未经授权的访问和篡改。访问控制的主要措施如下。

❑ 用户身份验证：确保只有经过身份验证的用户才能访问系统资源。

❑ 角色权限管理：为不同角色的用户分配不同的访问权限，确保用户只能访问其被授权的资源。

❑ 访问控制列表：定义资源的访问权限，以确保只有具备相应权限的用户可以执行特定操作。

7.2 安全审计

TMS应实施安全审计机制，对用户操作进行记录和监控。安全审计的主要目的是及时发现和分析安全事件，从而采取相应的应对措施。具体措施如下。

❑ 操作日志记录：记录用户操作和系统事件，以便于追踪和分析。

❑ 审计日志审查：定期审查审计日志，以发现潜在的安全问题。

❑ 报警和通知：在发现异常操作或安全事件时，立即报警并通知相关人员。

7.3 数据保密

TMS应采取措施对数据进行保密，防止敏感数据泄露。数据保密的主要措施如下。

❑ 数据加密：对敏感数据（如密码、密钥等）进行加密存储和传输。

❑ 数据脱敏：在展示或导出数据时，对敏感信息进行脱敏处理。

❑ 数据隔离：根据数据的敏感性，将数据存储在不同的安全区域。

7.4 安全性标准和认证

TMS应遵循国家和行业的安全性标准，确保系统安全性能符合相关要求。具体措施包括：

❑ 遵循国家和行业的安全法规、标准和规范。

❑ 对系统进行定期安全评估和审查，以确保安全性能符合要求。

❑ 根据需要，获取相关安全性认证，如 ISO 27001、PCI DSS 等。

8　接口需求

8.1　系统集成

8.2　数据交换和兼容性

请根据以上的目录结构，生成需求规格说明书中接口需求部分的文本。

8　接口需求

8.1　系统集成

为实现 TMS 与现有系统及第三方服务的无缝集成，本项目需考虑以下系统集成需求。

❑ 与单点登录服务集成：实现用户身份验证和授权，简化用户登录过程。

❑ 与日志处理服务集成：统一处理日志信息，便于日志的分析和管理。

❑ 与通知发送服务集成：实现系统通知的发送，提高通知到达率。

❑ 遵循开放 API 标准：确保 TMS 可以轻松地与其他系统集成，提高系统间互操作性。

8.2　数据交换和兼容性

为确保 TMS 与其他系统间数据交换的顺畅和兼容性，需考虑以下数据交换和兼容性需求。

❑ 数据交换格式：采用通用数据交换格式（如 JSON、XML 等），以便与其他系统进行数据交换。

❑ 数据编码：使用统一的字符编码（如 UTF-8），确保数据在不同系统间传输时不出现乱码问题。

❑ 数据接口规范：遵循 RESTful API 设计原则，提供易于理解和使用的数据接口。

❑ 数据版本控制：为数据接口提供版本控制，确保接口升级时与现有系统的兼容性。

9 系统维护与支持

9.1 维护策略

9.2 技术支持

9.3 用户培训

请根据以上的目录结构，生成需求规格说明书中系统维护与支持部分。

9 系统维护与支持

9.1 维护策略

为确保 TMS 的稳定运行和长期可靠性，本项目需要制定有效的维护策略。维护策略主要包括以下几个方面。

❑ 定期更新：定期对系统进行更新，修复已知的漏洞和问题，提升系统性能。

❑ 备份与恢复：定期进行数据备份，确保数据安全，同时在系统出现故障时能够迅速恢复。

❑ 监控与诊断：对系统进行实时监控，确保系统稳定运行，及时发现并解决潜在问题。

❑ 预防性维护：定期进行系统巡检和优化，预防故障发生，延长系统寿命。

9.2 技术支持

为保证用户能够正常使用 TMS 并解决使用过程中遇到的问题，本项目需提供全方位的技术支持服务。

❑ 技术支持渠道：提供多种技术支持渠道，如电话、邮件、在线客服等，以满足用户的不同需求。

❑ 响应时间：确保技术支持服务能够在规定的时间内响应用户的请求，及时解决用户问题。

❑技术支持文档：提供完善的技术支持文档，包括用户手册、FAQ等，方便
用户自行查找解决方案。

9.3　用户培训

为提高用户对TMS的使用效果和满意度，本项目需要为用户提供系统操作
培训。

❑培训方式：提供线上和线下两种培训方式，以满足用户的不同需求。

❑培训内容：培训内容应涵盖TMS的主要功能和操作流程，确保用户能够熟
练操作系统。

❑培训效果评估：通过对用户进行测试和评估，确保培训效果达到预期，提
高用户使用技能。

10　附录

10.1　参考文献

10.2　修订历史

请根据以上的目录结构，生成需求规格说明书中附录部分的文本。

10　附录

10.1　参考文献

在编写需求规格说明书的过程中，以下文献为本文提供了宝贵的参考：

[1] IEEE. IEEE Std 830-1998, IEEE Recommended Practice for Software
Requirements Specifications. IEEE Computer Society, 1998.

[2] Leffingwell, Dean, and Don Widrig. Managing Software Requirements: A
Use Case Approach. Addison-Wesley Professional, 2003.

[3] Wiegers, Karl E. Software Requirements. Microsoft Press, 2013.

[4] Cohn, Mike. User Stories Applied: For Agile Software Development.
Addison-Wesley Professional, 2004.

请注意，这些参考文献仅作为示例，实际参考文献应根据项目需求和相关资料进行调整。

10.2 修订历史

本需求规格说明书经过多次修订，以下是修订历史：

❏ 版本 1.0：2023 年 4 月 8 日，初稿

在后续的项目开发过程中，可能会根据实际需求和反馈继续修订需求规格说明书。每次修订都应记录在修订历史中，以保持文件的完整性和准确性。

通过与 ChatGPT 互动，我们成功地生成了 TMS 需求规格说明书。在这个过程中，最为关键的是产品经理需要具备框架性思维。首先，要掌握最终需要交付的用户需求分析报告和需求规格说明书的结构。接着，以目标为导向，基于文档结构并结合实际工作需求，引导 ChatGPT 进行编写。这一过程遵循由总到分、由大到小的原则，逐步完成复杂文档的编写。可以看到，产品经理在这个过程中的作用，已经不是自己动手分析和撰写产品文档，而是把自己对文档的要求，结构化地传达给 ChatGPT，由 ChatGPT 负责生成输出。当然，ChatGPT 是人工智能工具，其输出的结果必须要经过产品经理甚至整个项目团队的审核与批准。

另外，在这个过程中，试验与迭代特别重要。所谓试验就是可以先把背景信息和初步要求提出来让 ChatGPT 去以发散的思维提出意见，看似漫无边际，但是很有可能会给产品经理带来有价值的信息和重大的启发。所谓迭代就是在试验的基础上，通过前面给出的结构化提问法，慎重地与 ChatGPT 互动，甚至可以把结构化提问法的要求提给 ChatGPT，让 ChatGPT 根据基本信息生成合适的问题。在获得 ChatGPT 答案的基础上，根据自己的实际情况，再次修改问题，逐步调整方向，聚焦目标，最后获得理想的方案。

2.5 小结

只有满足了用户的真实需求，开发的软件才有价值。发现并定义用户的真实需求是产品经理的责任。这是一个去粗存精、去伪存真、渐进真理的艰难过程，需要产品

经理的独立思考和敏锐判断。ChatGPT 的出现，让产品经理如虎添翼，无论是利用这个强大的工具进行用户需求数据的发现和分析，还是与其进行互动获得有价值的分析与建议。要想与 ChatGPT 有效地互动，就必须掌握结构化提问法的七个要素：核心、详细、背景、优先级、具体、限制和输出。产品经理在完成用户需求分析的基础上与团队的其他成员共同讨论审查，确定最终的需求规格说明书，以确保产品开发与最初的用户需求一致，并在开发过程中提供指导和帮助。

ChatGPT 驱动架构设计

本章将重点讨论如何利用 ChatGPT 进行架构设计,以建立一个稳定、可靠且可维护的软件系统,满足业务需求和技术约束。软件架构设计的目标包括系统性能、可扩展性、可维护性、可靠性、安全性、互操作性、易用性、适应性和成本效益。为实现这些目标,架构师需要基于用户需求,从宏观和整体出发,统一设计好软件的架构,包括总体设计、技术栈选择、数据库设计、界面设计、接口设计等。在这些设计的过程中,架构师先提出总体思路,然后把具体的设计任务交给其他负责的开发工程师去完成,最后统一形成设计文档。本章将继续以 TMS 的开发为例,在用户需求说明书和需求规格说明书的基础之上,以迭代的方式与 ChatGPT 互动来完成架构设计。最终的架构设计方案将由架构师与产品经理、前端开发工程师和后端开发工程师共同审核,以确保最后的设计方案可以满足用户需求。

3.1 架构设计的过程

软件架构设计的过程涉及一系列的步骤,目的是把业务需求转化为一个可以实现、可以维护的软件系统。软件架构设计的过程涵盖了用户需求分析、架构风格、接口定义、安全性、性能优化、系统监控、数据持久化、部署运维、团队协作等多个方面。在整个设计过程中，架构师需要权衡各种因素，确保设计出的架构既满足当前需求，又具备一定的灵活性和可持续发展能力。以下是典型的软件架构设计过程。

（1）**需求分析**：架构师需要充分了解和分析业务需求、功能需求、性能需求和安全需求。这个阶段的目标是为后续的架构设计提供明确的指导。

（2）**系统分解**：根据需求分析结果，将整个软件系统划分为多个模块或子系统，以便实现系统功能的模块化和解耦。此阶段需考虑模块间的职责划分、依赖关系和通信方式。

（3）**技术选型**：基于项目需求、预算和团队技能等因素，选择合适的技术栈，如编程语言、框架、数据库和消息队列等。技术选型对架构的可行性、性能和可维护性具有重大影响。

（4）**架构风格**：架构师需要根据项目特点选择合适的架构风格（如微服务架构、事件驱动架构等），以满足系统的可扩展性、可维护性等需求。

（5）**接口定义**：定义模块之间的接口、数据结构和通信协议，以实现模块间的互操作性和可扩展性，为后续接口的具体实现确定框架。

（6）**安全性与可靠性设计**：评估和规划系统的安全措施、容错策略、备份和恢复机制等，以确保系统的安全性和可靠性。

（7）**性能优化**：对性能关键部分进行优化，包括算法、数据结构和缓存策略等。关注系统的负载均衡、并发控制和资源管理，确保系统具有良好的性能。

（8）**架构评审与验证**：架构设计完成后，需要对架构进行评审，检查架构是否满足需求、是否存在潜在问题。必要时，可通过原型或模拟验证架构的可行性。

（9）**架构文档与传递**：编写详细的架构文档，包括设计、模块划分和接口定义等。这些文档将成为开发团队的重要参考。同时，将架构设计传递给开发团队，确保团队顺利执行。

本章将聚焦在目前主流的微服务架构设计上。微服务架构（Microservice Architecture）是一种将一个大型应用程序分解为多个独立、可单独部署和扩展的小型服务的方法。每个微服务负责单一功能，具有独立的数据存储和通信机制。

3.2 微服务架构简介

大约在 2010 年左右，微服务架构作为一种新的软件开发风格出现。微服务架构的核心思想是将软件系统分解为多个独立、可独立部署和扩展的小型服务。这些微服务通常围绕具体业务功能进行设计，具有较高的内聚性和较低的耦合度。微服务架构克服了传统 SOA 的一些缺陷，如复杂的集成和管理，提供了更加灵活和轻量级的解决方案。

微服务架构是一种软件开发和部署的方法，它将大型的复杂应用程序分解为一组相互独立、可扩展、可维护的微小服务。每个服务负责执行特定的功能，且可以独立地开发、测试、部署和扩展，以实现高内聚、低耦合。除了架构设计方法之外，与微服务伴生的还有敏捷开发、持续集成/持续交付、云计算和容器技术。微服务架构的设计过程与传统软件架构的设计过程在很多方面是相似的，但它也具有一些特定的关注点和挑战。

- ❑ **服务划分**：在微服务架构中，关键任务之一是确定如何将应用程序划分为适当大小的微服务。这通常涉及识别有界上下文（Bounded Context）并根据业务功能或领域驱动设计（Domain- Driven Design，DDD）原则进行划分。

- ❑ **服务独立性**：微服务应当具有独立性，这意味着每个服务应该能够独立部署、扩展和维护。在设计时，应考虑到服务之间的解耦和依赖最小化。

- ❑ **服务间通信**：微服务架构中的服务需要通过某种通信机制相互协作。架构师需要在同步通信（如 RESTful API、gRPC 等）和异步通信（如消息队列、事件驱动等）之间进行权衡，并设计合适的通信协议和数据格式。

- ❑ **数据一致性和管理**：由于每个微服务具有独立的数据存储，因此需要解决数据一致性和管理的问题。这可能涉及使用事件溯源、CQRS（命令查询职责分离）等模式来解决跨服务的数据一致性问题。

- ❑ **容错和弹性设计**：微服务架构中的服务可能会发生故障，因此需要考虑容错和弹性设计。这可能需要使用熔断器、限流器等模式以及优雅降级策略来解决服务故障问题。

- ❑ **服务发现和负载均衡**：随着服务数量的增加，服务发现和负载均衡变得越来越重要。架构师需要考虑使用服务注册中心、API 网关等工具来解决这些问题。

❑ **部署和运维**：随着微服务架构中服务数量的增加，部署和运维变得更加复杂。架构师需要关注如何实现自动化部署、监控和日志管理等运维任务。容器化技术（如 Docker）和容器编排平台（如 Kubernetes）在这方面发挥了重要作用。

❑ **跨团队协作**：微服务架构通常要求开发团队按照业务功能进行组织，以便更好地协同工作。因此，在设计微服务架构时，需要考虑团队的组织结构和沟通方式。

❑ **API 管理和版本控制**：微服务架构中的服务之间通过 API 进行通信，因此需要考虑 API 的管理和版本控制。这可能涉及使用 API 网关、API 文档生成工具（如 Swagger）以及制定适当的 API 版本控制策略。

❑ **安全和认证**：微服务架构中的服务可以独立部署，因此需要考虑如何确保服务之间的安全通信和访问控制。这可能涉及使用 OAuth、JWT 等认证和授权机制，以及使用 API 网关来集中管理访问策略。

❑ **监控和追踪**：由于微服务架构中的服务相互独立，需要实现分布式监控和追踪，以便及时发现和解决问题。这可能需要使用分布式追踪工具（如 Zipkin、Jaeger 等）和集中式日志管理系统（如 ELK Stack）。

总之，在设计微服务架构时，架构师需要权衡各种因素，确保所设计的架构既能满足当前的需求，又能具备一定程度的灵活性和可持续发展能力。

为什么要选择微服务架构来做 ChatGPT 驱动的软件开发？正如敏捷开发需要交付和运行独立自主的微服务以灵活、快速地应对用户需求，容器化可以最小化资源，而且可以快速部署、灵活扩展。如果要针对清晰、准确描述的功能单元，自动生成规模不大的模块化微服务代码，没有什么其他的工具比 ChatGPT 更适合。所以本书聚焦微服务架构设计。基于微服务架构设计和代码生成的软件开发，刚好能够发挥 ChatGPT 的作用。因为在请求 ChatGPT 生成架构设计和实现代码的时候，要想把一个大的业务应用清楚、准确、完整地描述出来，不是一件简单的事情，而聚焦每一个细分且明确的业务职责或者功能，即微服务，则很容易描述清楚。

在设计微服务架构时，可以向 ChatGPT 咨询有关微服务架构设计原则、最佳实践和架构模式方面的建议。通过提供项目需求和背景信息，ChatGPT 可以提供关于微服务划分、通信机制、数据管理等方面的建议。如果要对已经存在的微服务进行性能优化，人工智能也可以帮助架构师分析现有架构中的性能瓶颈，并提供关于优化策略的具体建议，例如负载均衡、缓存策略、请求限流等。此外，ChatGPT 还可以提供关于微服务安全性的最佳实践和建议，例如身份验证、授权、API 安全等方面。当微服务出现技术障碍时，可以向 ChatGPT 描述故障症状和相关信息。ChatGPT 可能会提供一些诊断和排除故障的具体方法，帮助迅速定位问题的根本原因，以便快速恢复服务。在微服务开发过程中，ChatGPT 还可以提供编码的建议及最佳实践，从而提高代码质量和可维护性。

3.3　微服务架构设计原则

在利用 ChatGPT 驱动微服务架构的软件开发过程中，我们仍然要遵守微服务架构的设计原则和最佳实践，不过可以更加聚焦在真实业务逻辑的理解与描述上。在微服务架构的设计过程中，我们需要遵循以下几个原则。

- **单一职责原则**：每个微服务都应该负责一个明确的业务功能，以便于独立开发、测试与维护。这个原则的执行要适当，不要无限度地拆分。在拆分的过程中需要考虑团队规模、技能和分工等问题。
- **松耦合的原则**：微服务之间应该尽量减少直接的依赖关系，以提高灵活性与可扩展性。这个原则如果贯彻得不好会造成服务之间缺乏相对独立性，为后续的应用管理和维护，特别是水平扩展埋下隐患。
- **场景约束原则**：每个微服务都要清楚地定义自己的场景逻辑边界，让每个服务可以独立地开发，独立地演化，保持与其他服务的一致性。
- **自主自治原则**：每个微服务都要有自己独立的数据模型，可以自主管理其内部的状态与数据。

在上述四个原则的指导下，架构师结合用户需求分析报告、产品策略和技术栈选择，定义并设计好每个微服务。例如，定义如何进行数据流处理、服务之间的通信、数据存储、身份验证与授权、性能优化、容器化部署以及监控与报警等这些具体的内容。

3.4　架构设计的思维框架

架构设计是基于产品经理的用户需求分析报告，结合项目团队和企业技术的现实情况而提出的一整套用于实现软件业务目标的宏观规划。在人工智能辅助软件开发的新时代，架构师借助 ChatGPT 高效生成架构设计文档，成为项目开发中的重要环节。这些文档描述了整个系统的架构设计，包括架构风格、模块划分、模块间接口和数据结构、技术选型等，为开发团队提供了明确的指导，提高了系统的可维护性和可扩展性，改善了项目管理，并促进了团队之间的沟通和协作。这也是水母开发模式注重丰富强大的顶层设计的具体实践。架构师借助 ChatGPT，同时结合项目的情况，最终要完成以下架构设计文档。

1. 系统概述

❑ 用户需求：描述了用户需求和期望。

❑ 系统目标：定义了系统的目标和愿景。

❑ 系统功能：列出了系统的核心功能和特性。

2. 架构风格

从众多架构风格中选一种，以适合自己团队和项目的现实需要。

3. 模块划分

❑ 模块 1：包含功能 1。

❑ 模块 2：包含功能 2。

❑ 模块 3：包含功能 3。

4. 模块接口

❑ 接口 1：模块 1 对外提供的接口。

❑ 接口 2：模块 2 对外提供的接口。

❑ 接口 3：模块 3 对外提供的接口。

5. 数据模型

❑ 数据结构 1：模块 1 使用的数据结构。

❑ 数据结构 2：模块 2 使用的数据结构。

❑ 数据结构 3：模块 3 使用的数据结构。

6. 技术选型

包括编程语言、框架与库、数据库、消息队列、缓存技术、容器和虚拟化、持续集成和持续部署（CI/CD）工具、监控和日志分析等。

7. 安全与可靠性设计

❑ 安全措施：采用 SSL/TLS、OAuth2、JWT 等安全措施。

❑ 容错策略：采用分布式事务、重试机制、备份和恢复机制等容错策略。

❑ 备份和恢复机制：包括数据备份、数据恢复、灾备方案等。

8. 性能优化

❑ 算法优化：优化复杂度高的算法。

❑ 数据结构优化：采用合适的数据结构。

❑ 缓存策略优化：采用合适的缓存策略。

❑ 负载均衡：使用负载均衡技术。

❑ 并发控制：采用合适的并发控制方式。

❑ 资源管理：优化资源使用和管理。

9. 部署与运维

采用自动化部署、灰度发布等。

图 3-1 展示了 ChatGPT 辅助架构设计的基本过程。

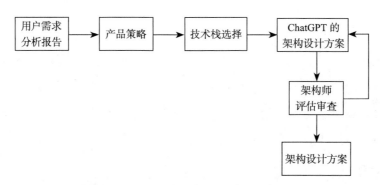

图 3-1　ChatGPT 辅助架构设计的基本过程

3.5　ChatGPT 生成 TMS 微服务架构

本节将继续以 TMS 开发为例来具体讲解架构师如何利用 ChatGPT 完成架构设计。

在与 ChatGPT 互动的过程中，始终要以最终需要完成的架构设计文档作为目标指引，逐步引导 ChatGPT 完成每一部分的工作。为了让 ChatGPT 更好地理解所要设计或者优化的应用，从而更加顺畅地生成合适的 TMS 架构设计文档，架构师首先要根据结构化提问法准备好架构设计的背景资料。背景资料主要包括以下几个方面：

- 用户需求分析报告、用户画像和需求规格说明书。
- 架构师结合公司的团队情况、既有系统、技术规范等总结出来的 TMS 技术栈、组件、功能模块、数据流和通信方式。
- 以架构设计文档为框架和主线，逐步深入，最后整合出 TMS 架构设计文档。

首先，架构师把用户需求、现实情况限制和需要生成的架构文档的要求等信息提供给 ChatGPT，然后按照结构化提问法的七个关键要素（核心、详细、背景、优先级、具体、限制和输出），请 ChatGPT 逐步生成架构设计文档。

1. 项目背景

某支付公司计划开发 TMS，用以管理部署在各地的 POS 机。主要目的是更好地开展信用卡收单业务，有效管理大量为商户配置的 POS 机。

服务对象：支付公司部署在各地的 POS 机。

目标用户：支付公司内部的 POS 机管理者。

核心功能：软件管理、密钥管理、设备管理、参数管理。

用户规模：5 个 POS 机管理员。

终端数量：目前已经有 100 万台 POS 机。

性能要求：50 个并发请求，3s 响应。

安全要求：能通过 PCI-DSS 认证。

扩展要求：可以随着业务的发展无障碍扩展。

2. 功能层次划分

各层功能模块分解如下。

- 核心服务层：设备管理、参数管理、软件管理和密钥管理。
- 支撑服务层：远程支持、日志管理、通知管理和用户管理。

3. 系统概述

用户需求：描述了用户需求和期望。

系统目标：定义了系统的目标和愿景。

系统功能：列出了系统的核心功能和支撑功能。

4. 架构风格

微服务架构：采用微服务架构风格，将系统拆分成多个独立的服务。

5. 模块划分

模块 1：包含功能 1。

模块 2：包含功能 2。

模块 3：包含功能 3。

请分析上面的信息，然后设计出总体架构。

1. 系统概述

用户需求：某支付公司计划开发 TMS 应用，用以管理部署在各地的 POS 机。主要目的是更好地开展信用卡收单业务，有效管理大量为商户配置的 POS 机。

系统目标：对部署在各地的 POS 机进行有效的管理和维护，提高信用卡收单业务的效率和安全性。

系统功能：

❑ 核心功能层：软件管理、密钥管理、设备管理、参数管理。

❑ 支撑功能层：远程支持、日志管理、通知管理、用户管理。

2. 架构风格

微服务架构：采用微服务架构风格，将系统拆分成多个独立的服务，以提高系统的可维护性和可扩展性。

3. 模块划分

模块名称	模块描述
设备管理	设备信息查询、设备状态监控、设备远程操作等功能
参数管理	参数设置、参数更新、参数查询等功能

（续）

模块名称	模块描述
软件管理	软件版本控制、软件更新、软件安装和卸载等功能
密钥管理	密钥生成、密钥更新、密钥分发、密钥注销等功能
远程支持	远程连接 POS 机、远程维护等功能
日志管理	POS 机的运行日志记录、日志查询等功能
通知管理	系统更新通知、设备维护通知、操作提示等功能
用户管理	用户注册、登录、权限分配、信息查询和修改等功能

请对各个模块进行更详细的功能描述，每个模块的描述为一段。

1. 核心功能层

设备管理模块：该模块用于管理部署在各地的 POS 机。具体功能包括设备信息查询、设备状态监控、设备远程操作等。管理员可以通过该模块对设备进行管理和维护，实时获取设备的状态信息，及时发现并处理设备异常。

参数管理模块：该模块用于管理 POS 机的参数。具体功能包括参数设置、参数更新、参数查询等。管理员可以通过该模块对 POS 机的参数进行统一管理和配置，确保 POS 机的各项参数在合适的范围内，以提高收单业务的效率和安全性。

软件管理模块：该模块用于管理部署在各地的 POS 机的软件。具体功能包括软件版本控制、软件更新、软件安装和卸载等。管理员可以通过该模块对 POS 机的软件进行升级和管理，确保 POS 机上的软件始终处于最新版本。

密钥管理模块：该模块用于管理 POS 机的密钥。具体功能包括密钥生成、密钥更新、密钥分发、密钥注销等。管理员可以通过该模块对 POS 机的密钥进行管理，确保 POS 机的密钥安全可靠，提高收单业务的安全性和可信度。

2. 支撑功能层

远程支持模块：该模块用于远程连接 POS 机，实现远程维护等功能。管理员可以通过该模块对 POS 机进行远程支持和操作，以降低运维成本和提高维护效率。

日志管理模块：该模块用于记录 POS 机的运行日志并进行查询。管理员可以通过该模块查询 POS 机的运行日志，以便及时发现并处理 POS 机的异常情况。

通知管理模块：该模块用于发送系统更新通知、设备维护通知、操作提示等信息。管理员可以通过该模块向 POS 机用户发送通知信息，以提高 POS 机用户的体验和维护效率。

用户管理模块：该模块用于管理系统的用户，包括用户的注册、登录、权限分配、信息查询和修改等功能。管理员可以通过该模块对系统用户进行管理和维护，确保系统的安全性和可靠性。

在水母开发模式下，架构师与 ChatGPT 互动所产生的架构设计结果，需要先经过架构师自己的评估。如果无法满足用户需求，则需要重新进行设计；如果受到现有技术资源、项目团队或者技术规范的限制，那就要进行适应性的调整，直到满意为止。在最终的架构设计方案完成以后，可以组织架构委员会或者技术委员会进行评审，让委员们从业务、产品、架构、编码、测试、部署、安全和监控等各自专业的角度提出意见和建议。注意，设计方案甚至有可能会被推倒重新设计。所以，架构师在与 ChatGPT 讨论架构问题的过程中，要注意留存所有必要的过程信息，以备后续的调查使用。

因为水母开发模式强调设计，所以设计部分所占比例较大，本节需要论述内容的篇幅也会比较长。为了能更加聚焦，本书将进一步把宏观设计工作分成架构设计、技术栈选择、高层设计、数据库设计以及 UI/UX 设计五个不同的章分别进行讨论，以下是这五章的概括：

- ❑ 第 3 章（本章）将根据用户需求分析和需求规格说明书，讨论架构师如何借力 ChatGPT，从宏观的角度生成总体的架构设计文档。

- ❑ 第 4 章将结合四个考虑因素，讨论如何利用 ChatGPT 选择合适的技术栈。我们也会在这一章完成 TMS 技术栈的选择。

- ❑ 第 5 章将深入讨论架构师如何利用 ChatGPT 辅助高层设计，也会进一步完成对 TMS 各个功能模块的接口定义。

- ❑ 第 6 章将详细讨论架构师如何利用 ChatGPT 驱动数据库设计。数据模型的抽象与定义来自对应用所涉及各领域实体属性及其相互关系的分析。我们将在这一章完成 TMS 数据库的创建。

❑ 第 7 章将讨论在用户界面和用户体验（UI/UX）的设计过程中，设计师如何与 ChatGPT 互动、寻找灵感并完成设计。我们也会在这一章完成 TMS 中各个用户界面的设计。

因为 TMS 案例贯穿本书很多章节，为了阅读方便和信息的完整性，我们将把与该项目架构设计相关的《TMS 架构设计文档》放在本书的附录供读者参考。

3.6　小结

在完成用户需求分析、产品开发策略和技术栈选择的基础上，架构师与 ChatGPT 进行交互，请 ChatGPT 帮助生成架构设计方案。在消化与吸收 ChatGPT 所提出的架构设计方案的基础上，架构师针对架构方案进行充分讨论与适当评审，以确保架构方案的合理性与适用性，最终形成完善的架构设计方案。除了在新应用系统的设计中可以利用 ChatGPT 之外，同样的方法也可以在应用系统的持续优化过程中发挥作用。需要再次强调的是，针对当前架构中所遇到的问题和挑战，以及希望可以改进的方面，例如性能瓶颈、安全隐患、扩展困难等，架构师必须进行详细、准确和系统的阐述。架构师可以根据想要优化的架构要素，提出更为详细、更有针对性的具体问题，例如，如何解决应用的特定性能问题，如何提高应用的水平扩展能力，如何增强应用的安全性等。另外，要认真评估 ChatGPT 所给出的建议，分析这些建议是否适用，同时也要综合考虑优化的成本、时间以及潜在的风险。

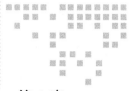

Chapter 4 第 4 章

ChatGPT 驱动技术栈选择

在产品经理完成用户需求分析之后，架构师就可以开始软件的架构设计工作了。但是在软件架构设计过程中，选择合适的技术栈是第一项工作，因为技术栈的选择会直接影响后续其他方面的总体设计，例如数据库或者后端接口的设计。目前，各种技术栈层出不穷，令人眼花缭乱。选择合适的技术栈对于软件项目的成功至关重要，因为它将影响到开发速度、产品性能和可维护性等关键因素。如何从这些技术中充分考虑兼容性、适用性、持久性，选择出与项目团队和将要开发的应用相匹配的合适技术栈，是一个很有挑战性的工作。本章将讨论如何利用 ChatGPT 来选择合适的技术栈。

4.1 技术栈的基本概念

计算机软件的技术栈是指在软件开发过程中所使用的一系列技术、工具、框架和编程语言的组合。一个完整的技术栈可以涵盖软件开发的各个阶段和各个方面，从而为开发工程师提供全面的支持，帮助开发工程师构建高效、可扩展和可维护的软件产品。一个技术栈通常包含以下几个部分。

❑ **编程语言**：用于编写软件代码的编程语言，如 Java、Python、JavaScript、C#、

Go 等。

□ **开发框架**：基于特定编程语言的开发框架，可以简化开发流程和提高开发效率，如 Java 的 Spring 框架、Python 的 Django 框架、JavaScript 的 React 框架等。

□ **数据库技术**：用于存储和管理软件数据的数据库技术，如关系型数据库（如 MySQL、PostgreSQL、Oracle）和非关系型数据库（如 MongoDB、Redis、Cassandra）。

□ **前端技术**：用于构建用户界面（UI）和用户体验（UX）的前端技术，如 HTML、CSS、JavaScript 以及前端框架（如 React、Angular、Vue.js 等）。

□ **后端技术**：用于构建服务器端逻辑和处理数据的后端技术，如 Node.js、Java、Python、Ruby 等。

□ **测试技术**：用于编写和执行单元测试的框架，如 Java 的 JUnit、Python 的 unittest、JavaScript 的 Mocha 等；用于验证多个组件之间交互的集成测试框架，如 Python 的 pytest、Java 的 SpringBootTest 等；用于对整个软件系统的工作流程和用户体验进行测试的端对端测试框架，如 Selenium、Cypress、Protractor 等；用于验证系统性能和负载能力的性能测试工具，如 JMeter、LoadRunner、Gatling 等。

□ **服务器和部署技术**：用于托管和运行软件的服务器技术和云服务平台，如 Linux、Nginx、Apache、AWS（Amazon Web Service）、Microsoft Azure 等。

□ **版本控制系统**：用于跟踪和管理代码变更的版本控制系统，如 Git、Subversion 等。

□ **开发工具和集成开发环境（IDE）**：用于辅助编写、调试和运行代码的开发工具和 IDE，如 Visual Studio Code、IntelliJ IDEA、Eclipse 等。

4.2 目前的主流技术栈及其比较

在软件开发领域，有很多主流的技术栈。以下是一些常见的技术栈：

□ LAMP（Linux、Apache、MySQL、PHP/Python/Perl）技术栈

□ MEAN（MongoDB、Express、Angular、Node.js）技术栈

□ MERN（MongoDB、Express、React、Node.js）技术栈

□ JAM（JavaScript、API、Markup）技术栈

□ .NET 技术栈（C#、ASP.NET、Microsoft SQL Server）

❑ Java 技术栈（Java、Spring Boot、Hibernate、MySQL、Oracle）

❑ Ruby 技术栈（Ruby、Ruby on Rails、PostgreSQL）

❑ Python 技术栈（Python、Django、Flask、PostgreSQL）

❑ Go 技术栈（Go、Gin、Echo、Gorm、SQLx）

如前所述，不同的技术栈产生于不同的时代背景之下，而且适用于不同的应用和场景，了解和掌握各种技术栈的优点和缺点，将有利于技术管理者和架构师做出正确的决策。表 4-1 展示了九种主流技术栈的优点和缺点。

表 4-1　九种主流技术栈的优点和缺点

技术栈	优点	缺点
LAMP	成熟稳定，支持广泛，适用于各种规模的项目。PHP、Python 和 Perl 在开发速度和易用性方面有优势	随着其他现代框架和语言的出现，LAMP 技术栈在性能和可扩展性方面可能稍显逊色
MEAN	全栈 JavaScript 解决方案，便于前后端开发工程师进行协作。Node.js 提供高性能和可扩展性。MongoDB 是一个灵活的 NoSQL 数据库，适用于大量数据的存储和检索	Angular 较为复杂，学习曲线较陡峭
MERN	与 MEAN 类似，但使用 React 作为前端框架。React 性能好，组件化开发模式便于代码重用和维护。同样具备 Node.js 的高性能和可扩展性	React 的生态系统和库较为庞大，需要开发工程师投入时间学习
JAM	关注前端性能优化，适用于构建快速、安全的静态网站和 Web 应用。通过 API 和第三方服务实现动态功能，降低了开发和维护成本	不适用于需要大量后端逻辑和数据库交互的项目
.NET	微软支持，成熟稳定，适用于企业级应用和大型项目。C# 语言功能强大，性能优秀。该框架易于构建 Web 应用	许可费用较高，部分组件需要商业授权。开源社区相对较小
Java	适用于企业级应用和大型项目，跨平台兼容性好。Java 成熟稳定，拥有庞大的生态系统。Spring Boot 框架简化了 Java 应用开发，提高了开发效率。Hibernate 提供了一个强大的 ORM 解决方案，简化了数据库操作	Java 相对其他语言，学习曲线较陡峭。内存占用较高，可能导致应用性能瓶颈
Ruby	Ruby 易于学习和使用，具有优秀的可读性和简洁性。Ruby on Rails 框架提供了约定优于配置的开发模式，可以快速构建 Web 应用。PostgreSQL 数据库在处理复杂查询和大型数据集方面有优势	相较于其他技术栈，Ruby 的性能较低。随着其他现代框架的兴起，Ruby 的生态系统相对较小
Python	Python 易于学习，具有优秀的可读性和简洁性。Django 和 Flask 框架适用于不同规模的项目，支持快速 Web 应用开发。Python 在数据科学和机器学习领域具有丰富的库支持	相较于其他技术栈，Python 的性能较低。GIL（全局解释器锁）限制了多线程的并发性能
Go	Go 具有高性能和简洁的语法，相较于其他动态语言，运行速度较快。具有出色的并发处理能力，适用于高并发场景。编译速度快，便于部署和维护。在微服务和容器化部署方面具有优势，与 Docker 和 Kubernetes 等现代云原生技术相容性良好	与 Python、Java 相比，Go 的生态系统规模较小，但随着 Go 的普及，其生态正在迅速发展。对于初学者来说，Go 的学习曲线可能稍微陡峭一些，尤其在理解并发编程和内存管理方面

4.3　选择技术栈的原则

在选择不同的技术栈时，需要考虑的因素主要包括项目需求、团队技能、项目规模和资金预算。不同的技术栈有其独特的优点和缺点，需要架构师根据实际情况进行综合权衡。

1.项目需求

首先，需要考虑项目的具体需求。如果项目需要实现实时数据处理或者高并发处理，那么可能需要选择支持这些功能的技术栈。同样，如果项目需要与其他系统或者服务集成，那么选择兼容性较好的技术栈就非常重要。此外，还要考虑到项目的长期维护与发展，选择那些具有良好生态系统和社区支持的技术栈，这将有助于项目的持续改进和扩展。

2.团队技能

团队成员的技能和经验是另外一个关键的考虑因素。在选择技术栈时，要考虑项目团队成员对各种技术栈的熟悉和掌握程度。选择项目团队成员熟悉的技术栈可以减少培训成本，提高开发的质量和效率。然而，在某些情况下，引入新技术可能有助于提升团队的技能水平和创新能力。不过，除非新引入的技术栈能大幅度改进要实施系统的功能或者性能，否则，建议首选项目团队成员已经掌握的技术栈。

3.项目规模

项目规模对技术栈的选择也有很大影响。对于小型项目，可以选择轻量级、简单的技术栈，以便快速开发和部署。而对于大型项目，可能需要选择更加健壮、可扩展的技术栈，以支持复杂的业务逻辑和高负载。此外，大型项目可能需要考虑多层次的架构，例如微服务、模块化和组件化等，以提高可维护性和可扩展性。对于这个问题，要考虑现实和未来的业务扩展性，既要控制规模，也要留有余地。最差的决策就是选择了现在简单易行，但是未来没有任何发展空间的技术栈。

4.资金预算

资金预算也是一个重要的考虑因素。在选择技术栈时，架构师需要考虑开发、部署和维护的成本。例如，某些技术可能需要购买专有许可证或付费支持，而其他技术可能是开源且可以免费使用的。此外，还要考虑人力成本，如果要引入全新的技术栈，那么需要对开发工程师进行脱产培训，可能会延迟系统的交付时间，甚至因为项目团队没有合适的技术人才，需要从市场上重新招聘或者对外委托。新的技术栈往往也意味着需要增加计算节点和存储节点，采购网络、服务器和数据库等新资源。

然而，在某些情况下，通过引入全新的技术栈，可以让开发人员采用更高效、优化的解决方案，从而为用户提供更好的体验。在这种情况下，引入新技术栈可能是最佳选择。

因此，在选择技术栈时，需要根据项目需求、团队技能、项目规模和资金预算四个因素进行综合分析和权衡，如图 4-1 所示。

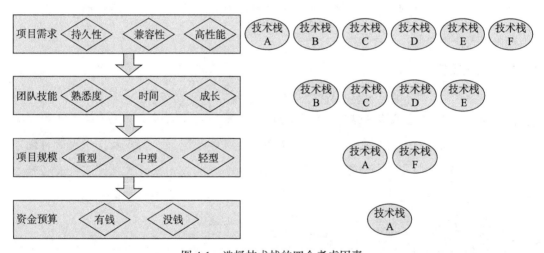

图 4-1　选择技术栈的四个考虑因素

根据我多年的技术实践，选择技术栈的考虑因素，首先是项目需要，也就是要先选适合用户需求的技术栈。这就好像买衣服，首先要考虑的是穿着合不合适，太大或者太小都不行。其次是团队技能，如果没有合适的人才来驾驭，再好的技术栈也没有用。这有点儿像买车，你如果没有驾驶大型货车的司机，买一辆大型货车将很难产生价值，除非项目有足够的时间来学习和掌握新的技术栈。再次是项目规模，如果项目规模很小，比如搭建一个静态网站，基本上不需要考虑太多后台性能处理和数据库等方面的复杂因素，选一个轻量级别的技术栈就足以满足用户需求。最后是资金预算，简单地说，如果没有预算的支持，一切技术栈选择都是不可能实现的空中楼阁。所以，架构师或者技术领导者要慎重选择合适的技术栈，帮助团队更高效地开发、部署和维护软件项目，确保项目的成功。切忌在重要项目上追新冒险，当然也要避免闭关自守，不接受其他技术栈。图4-2展示了利用ChatGPT选择技术栈的过程。

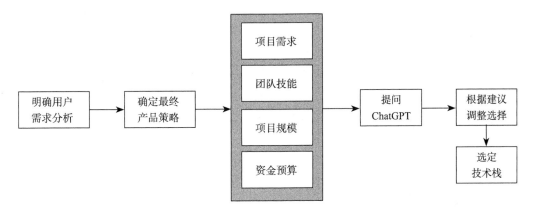

图4-2　利用ChatGPT选择技术栈的过程

4.4　TMS技术栈选择

架构师在选择技术栈时，首先要深入了解自己的团队已经掌握的技术栈，以及行业目前主流的编程语言、框架、库和工具，并分析和对比它们的优点与缺点。其次，描述清楚项目需求、团队技能、项目规模和资金预算四个考虑因素，请ChatGPT帮忙评估和推荐。同时要经常阅读文档、博客、文章、教程、参考案例和社区讨论，不断地研究现有各种技术栈的现状。这实际上是每个架构师日常必修的功课，只是在面临新开发任务时，需要更加聚焦用户的现实需求而已。

在TMS案例中，架构师分析并总结出以下内容，准备向ChatGPT提问。

1. 背景信息
❑ 项目需求：高性能、可扩展、安全性好、容器化。
❑ 团队技能：Go、Gin HTTP Web、net/http、MySQL、容器化。
❑ 项目规模：属于中偏小的规模。
❑ 资金预算：没有特别的预算。

❑ 基础服务：日志处理服务（CAL）、通知发送服务（CNS）、单点登录服务（SSO）。

2. 后端技术规范

❑ Go。

❑ Gin HTTP Web。

❑ net/http。

3. 前端技术规范

❑ Vue 3。

❑ PC 端 UI 组件库：Ant Design Vue / Element Plus。

❑ 移动端 UI 组件库：Vant。

❑ 状态管理：Pinia。

❑ 路由管理：Vue Router。

❑ 类型检查：TypeScript。

❑ 包管理器：pnpm。

❑ 构建工具链：Vite。

❑ 规范检查：ESLint / Prettier。

❑ 单元测试：Vitest。

4. 测试技术既有工具

❑ 功能测试：Postman、Selenium 等。

❑ 性能测试：JMeter、Locust 等。

❑ 安全测试：OWASP ZAP、Burp Suite 等。

❑ 兼容性测试：BrowserStack、Sauce Labs 等。

❑ 缺陷管理：Jira、Bugzilla 等。

5. 部署维护已有技术

❑ 云服务：AWS、GCP。

❑ 计算：AWS EC2、GCP VM、Docker。

❑ 计算：AWS S3、AWS EBS、AWS RDS AURORA MySQL、AWS RDS MySQL、AWS OpenSearch（ES）、AWS ElasticCache（Redis）、Redis、MySQL、

ClickHouse。

- CI/CD：GitLab。
- MySQL 数据库。
- 代码库：GitLab。
- 镜像仓库：AWS ECR/GCP GCR。
- Shell：/bin/bash。
- 安全设施：AWS WAF、AWS Shiled Advance、AWS Guardduty、AWS Inpsector、AWS SecurityGroup、GCP APP ARMOR。

架构师根据前面整理出来的用户需求分析报告、用户画像、需求规格说明书以及对上述几个维度的分析和总结，采用结构化提问法，按照七个要素对问题进行分解。表 4-2 展示了具体的用结构化提问法准备 TMS 技术栈选择报告的过程。

表 4-2　用结构化提问法准备 TMS 技术栈选择报告

#	关键词	问题
1	核心	适应某支付公司 TMS 开发的技术栈选择
2	详细	• 项目需求：高性能、可扩展、安全性好、容器化 • 团队技能：Go、Gin HTTP Web、net/http、MySQL、Vue • 项目规模：属于中偏小的规模 • 资金预算：没有特别的预算
3	背景	有限的团队资源
4	优先级	• 需要知道 TMS 的后端技术栈选择 • 需要知道 TMS 的前端技术栈选择
5	具体	从项目需求、团队技能、项目规模和资金预算四个因素分析
6	限制	前端技术规范 后端技术规范 测试既有工具 部署维护已有技术 基础服务：日志处理服务（CAL）、通知发送服务（CNS）、单点登录服务（SSO） 团队资源：一个产品经理，一个架构师，一个前端开发工程师，一个后端开发工程师，一个测试工程师，其他资源与其他团队共享 业务约束：能够在 2 个月内完成 TMS 软件开发
7	输出	请输出 TMS 技术栈选择报告

按照结构化提问法，把 TMS 技术栈选择的问题整理好，然后与 ChatGPT 互动，具体过程如下。

?

1. 核心：适应某支付公司 TMS 开发的技术栈选择。

2. 详细

项目需求：高性能、可扩展、安全性好、容器化。

团队技能：Go、Gin HTTP Web、net/http、MySQL、Vue。

项目规模：属于中偏小的规模。

资金预算：没有特别的预算。

基础服务：日志处理服务（CAL）、通知发送服务（CNS）、单点登录服务（SSO）。

3. 背景：有限的团队资源。

4. 优先级

❑ 需要知道 TMS 的后端技术栈选择。

❑ 需要知道 TMS 的前端技术栈选择。

5. 具体：从项目需求、团队技能、项目规模和资金预算四个因素分析。

6. 限制

前端框架：Vue 3。

PC 端 UI 组件库：Ant Design Vue、Element Plus。

移动端 UI 组件库：Vant。

状态管理：Pinia。

路由管理：Vue Router。

类型检查：TypeScript。

包管理器：pnpm。

构建工具链：Vite。

规范检查：ESLint / Prettier。

后端基于 Go、Gin HTTP Web、net/http。

功能测试：Postman、Selenium 等。

性能测试：JMeter、Locust 等。

安全测试：OWASP ZAP、Burp Suite 等。

兼容性测试：BrowserStack、Sauce Labs 等。

缺陷管理：Jira、Bugzilla 等。

云端 Kubernetes 和 MySQL 数据库已经形成标准化体系，不需要推荐。

团队资源：一个产品经理，一个架构师，一个前端开发工程师，一个后端开发工程师，一个测试工程师，其他资源与其他团队共享。

业务约束：能够在 2 个月内完成 TMS 软件开发。

7. 输出：请输出 TMS 技术栈选择报告。

根据您提供的关键信息，以下是 TMS 技术栈选择报告。

一、后端技术栈选择

编程语言：Go。

Web 框架：Gin HTTP Web。

HTTP 库：net/http。

鉴权与授权：OAuth 2.0、JWT。

API 设计：RESTful 或 GraphQL（根据项目需求选择）。

二、前端技术栈选择

前端框架：Vue 3。

PC 端 UI 组件库：Ant Design Vue、Element Plus。

移动端 UI 组件库：Vant（如需支持移动端访问）。

状态管理：Pinia。

路由管理：Vue Router。

类型检查：TypeScript。

包管理器：pnpm。

构建工具链：Vite。

规范检查：ESLint / Prettier。

三、测试技术选择

功能测试：Postman、Selenium 等。

性能测试：JMeter、Locust 等。

安全测试：OWASP ZAP、Burp Suite 等。

兼容性测试：BrowserStack、Sauce Labs 等。

缺陷管理：Jira、Bugzilla 等。

四、部署维护技术选择

云服务：AWS、GCP。

计算：AWS EC2、GCP VM、Docker。

存储：AWS S3、AWS EBS、AWS RDS AURORA MySQL、AWS RDS MySQL、AWS OpenSearch（ES）、AWS ElasticCache（Redis）、Redis、MySQL、ClickHouse。

CI/CD：GitLab。

MySQL 数据库。

代码库：GitLab。

镜像仓库：AWS ECR、GCP GCR。

Shell：/bin/bash。

安全设施：AWS WAF、AWS Shield Advance、AWS Guardduty、AWS Inpsector、AWS SecurityGroup、GCP APP ARMOR。

五、基础服务集成

日志处理服务：CAL。

通知发送服务：CNS。

单点登录服务：SSO。

综上所述，基于项目需求、团队技能、项目规模和资金预算四个因素，我们为支付公司的 TMS 项目推荐了一套后端和前端的技术栈。请注意，这些建议仅作为参考，在实际项目实施过程中可能需要根据实际情况进行调整。同时，由于您的团队已经拥有云端 Kubernetes 标准化体系，我们在此报告中没有对容器化部署进行推荐。

架构师根据 ChatGPT 给出的分析，结合自己的情况，分析出各种技术栈的匹配程度。特别要注意思考如何进行长期维护、如何确保系统的扩展性和应用的开发速度等因素。根据 ChatGPT 给出的建议，进一步调查适合项目需要的技术栈。这可能包括阅读相关文档、查找类似项目的案例研究、参加在线课程或研讨会等。在充分了解各种技术栈的优缺点之后，根据项目需求和团队能力向 ChatGPT 提出结构化的问题，并得到具体的方案，再经过综合审查，确定最终的技术栈选择。

1. 前端技术栈选择

❑ 前端框架：Vue 3。

❑ PC 端 UI 组件库：Ant Design Vue、Element Plus。

❑ 移动端 UI 组件库：Vant（如需支持移动端访问）。

❑ 状态管理：Pinia。

❑ 路由管理：Vue Router。

❑ 类型检查：TypeScript。

❑ 包管理器：pnpm。

❑ 构建工具链：Vite。

❑ 规范检查：ESLint / Prettier。

2. 后端技术栈选择

❑ 编程语言：Go。

❑ Web 框架：Gin HTTP Web。

❑ HTTP 库：net/http。

❑ API 设计：RESTful。

3. 基础服务集成

❑ 日志处理服务：CAL。

❑ 通知发送服务：CNS。

❑ 单点登录服务：SSO。

4. 测试技术栈

❑ 功能测试：Selenium（接口测试可以直接用 Python 调用，不需要使用 postman）。

❑ 性能测试：JMeter。

❑ 安全测试：Burp Suite。

❑ 兼容性测试：BrowserStack。

❑ 缺陷管理：Jira、Bugzilla 等。

5. 部署与维护技术栈

❑ 云服务：AWS、GCP。

❑ 计算：AWS EC2、GCP VM、Docker。

❑ 存储：AWS S3、AWS EBS、AWS RDS AURORA MySQL、AWS RDS MySQL、AWS OpenSearch（ES）、AWS ElasticCache（Redis）、Redis/MySQL、ClickHouse。

❑ CI/CD：GitLab。

❑ 代码库：GitLab。

❑ 镜像仓库：AWS ECR、GCP GCR。

❑ Shell：/bin/bash。

❑ 安全设施：AWS WAF、AWS Shield Advance、AWS Guardduty、AWS Inpsector、AWS SecurityGroup、GCP APP ARMOR。

4.5 小结

技术栈选择是一项事关项目成败的重要的总体技术决策，不可大意。不同的技术栈有各自的优点和缺点，适用于不同的场景，没有最好的技术栈，也不存在全能的技术栈。技术栈的选择要考虑到项目需求、团队技能、项目规模和资金预算四个因素。另外，在架构师与 ChatGPT 互动的时候，我们建议先采用结构化提问法准备好问题，然后再向 ChatGPT 提问，以获得最佳的效果。另外，架构师在与 ChatGPT 的互动过程中，要循序渐进、逐步深化。总之，在选择技术栈时，架构师必须要因地制宜，有所判断和取舍，对 ChatGPT 所给出的建议不能盲目照单全收。

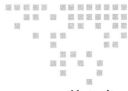

ChatGPT 驱动高层设计

架构设计是软件设计的宏观层面，关注系统的整体结构，为高层设计提供基础。高层设计是软件设计的微观层面，关注单个模块的具体实现。高层设计的目标是为开发工程师提供详细的指导，确保代码的实现与设计目标一致。高层设计主要关注具体模块的内部设计，包括类、接口、数据结构等模块的设计。本章将在前面讨论过的微服务架构设计方案的基础上，讨论架构师如何与 ChatGPT 互动完成高层设计。

5.1　高层设计的主要文档

为了能与 ChatGPT 有效地进行配合，我们首先需要建立一个高层设计框架，基于高层设计需要交付的文档来确定需要完成的工作。然后在该框架下，引导 ChatGPT 并且结合项目的实际情况，逐步完成所有的高层设计工作。

这个框架将提供一个清晰的高层设计指导，帮助我们更好地与 ChatGPT 进行交互，确保设计的一致性和质量。同时，这个框架还将指导我们在高层设计的过程中考虑到所有的必要因素，例如性能、安全、维护等，以确保设计的可行性和可维护性。

通过这种方式，我们可以最大限度地利用 ChatGPT 的优势，将 ChatGPT 视为设计团队的一员，使其能够根据框架和设计指导快速生成高质量的设计方案。在这个过程中，架构师将负责审核和优化设计方案，确保其符合设计目标和质量要求。在软件的高层设计阶段要交付的文档很多，其中最为重要的三个文档是架构设计文档、数据库设计文档和接口设计文档。

- ❑ **架构设计文档**：包括系统的总体架构、模块之间的关系、组件的功能和接口等内容，是高层设计最核心的文档。
- ❑ **数据库设计文档**：包括数据库的模式设计、表和字段定义、索引和约束等内容，对于数据驱动型的应用尤其重要。
- ❑ **接口设计文档**：包括系统的接口规范、请求和响应的格式、参数和返回值等内容，是系统与外部系统或模块交互的关键。

这三个文档是开发团队进行代码实现的基础，也是架构师和开发工程师交流的主要工具。其他文档，如安全设计文档、性能设计文档、部署设计文档、维护设计文档等，也非常重要，但相对而言，这三个文档更加关键。还有两个文档也经常用到，可以在前面三个文档的基础之上进一步创建。这两个文档是测试计划和测试用例文档以及项目计划和排期文档。

- ❑ **测试计划和测试用例文档**：描述软件测试的策略、方法和范围，以及针对不同功能和需求的具体测试用例。测试计划和测试用例文档可以为后续测试工作提供参考。
- ❑ **项目计划和排期文档**：明确项目的阶段划分、任务分配、预期进度和交付时间表。项目计划和排期有助于协调团队工作，确保项目按时完成。

上述文档为软件项目的设计、开发、测试和部署提供了详细的指导。在软件项目实施的过程中，这些文档可能需要根据实际情况不断地进行调整和更新。在敏捷开发模式中，文档的重要性可能会被弱化，但是，在 ChatGPT 驱动的开发过程中，由于开发人员需要与 ChatGPT 不断地进行交互，因此需要保持文档新鲜和完整。事实上，ChatGPT 助力的软件开发已经可以大幅度提高效率，缩短软件开发迭代周期。新型开发模式的关键在于如何将用户需求分解成 ChatGPT 可以理解和执行的问题，通过准确和清晰的指令，让 ChatGPT 生成代码。换句话说，项目文档的好坏关系到项目开发的成败。

5.2 高层设计的原则

在微服务架构下，要实现高内聚、低耦合的架构设计目标，在高层设计过程中应该注意确保高层设计方案遵循以下几个原则。

- **单一职责原则**（Single Responsibility Principle，SRP）：每个模块或类应负责单一的职责或功能。这有助于减少模块间的依赖关系，提高内聚性。

- **开放封闭原则**（Open/Closed Principle，OCP）：软件实体（模块、类、方法等）应该对扩展开放，对修改封闭。这意味着在不修改现有代码的情况下，可以通过扩展实现新功能，进而降低耦合度。

- **里氏替换原则**（Liskov Substitution Principle，LSP）：子类型必须能够替换掉它们的基类型。简言之，如果一个类是另一个类的子类，那么该子类对象应该能够替换为基类对象，而不影响程序的正确性。

- **接口隔离原则**（Interface Segregation Principle，ISP）：客户端不应依赖于那些它并不需要的接口。这意味着应该将大型接口拆分为多个专用接口，以降低耦合度。

- **依赖倒置原则**（Dependency Inversion Principle，DIP）：高层模块不应依赖于低层模块，而是应依赖于抽象。抽象不应依赖于具体实现，相反，具体实现应依赖于抽象。通过依赖抽象而非具体实现，可以降低模块之间的耦合度。

- **聚合复用原则**（Composition/Aggregation Reuse Principle，CARP）：优先使用对象组合或聚合，而不是继承来实现复用。组合或聚合能够提高模块之间的内聚性，降低耦合度。

- **德墨忒尔原则**（Law of Demeter，LoD）：一个对象应该尽量少地了解其他对象。通过限制对象之间的交互，可以减少系统中的耦合度。

遵循这些原则有助于设计出高内聚、低耦合的软件架构，从而提高软件的可维护性、可扩展性和可复用性。这些高层设计原则也特别适用于在 ChatGPT 驱动下生成高层设计方案的评审过程。

5.3 ChatGPT 辅助 TMS 高层设计

高层设计是在水母开发模式中分量比较重的一部分。图 5-1 展示了 ChatGPT 驱动生成高层设计方案的过程。

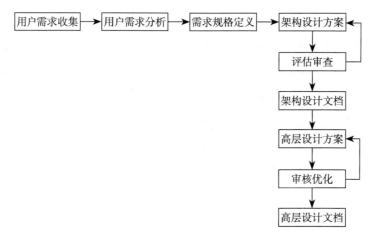

图 5-1　ChatGPT 驱动生成高层设计方案的过程

架构设计方案是根据用户需求进行层次和模块的定义，为开发团队提供宏观指引。而高层设计是在架构设计的指引下，对各层次和各模块进行更加具体的定义，为后续的编码、测试、部署和维护提供微观层面上的指导。

架构设计、数据库设计和接口设计是高层设计要输出的最重要的三个文档。通过这些高层设计文档，开发团队可以更加清晰地了解系统的具体实现细节，包括类、接口、数据结构等的设计。高层设计文档也可以帮助开发团队更好地理解和遵守设计规范和质量要求，从而确保代码的实现与设计目标一致。此外，高层设计还可以考虑系统性能、安全性、可维护性等方面，从而为后续的测试、部署和维护工作提供指导。

在 ChatGPT 驱动的软件开发过程中，高层设计也可以作为与 ChatGPT 交互的重要工具。在与 ChatGPT 互动交流的过程中，架构师可以通过高层设计文档，非常高效、准确地指导 ChatGPT 生成代码，也可以通过审核和优化生成的代码，确保其符合设计目标和质量要求。因此，高层设计文档的重要性不容忽视，它是系统开发和维护的关键。

在完成 TMS 的用户需求分析说明、需求规格说明、技术栈选择和架构设计的基础上，架构师将与 ChatGPT 一起对 TMS 的每个微服务模块进行交互，生成更加具体的高层设计文档，为后续的接口代码实现打好基础。具体过程如下：

（1）针对每个微服务模块，架构师将需要完成的高层设计工作列入文档，确定设计的目标和质量要求。

（2）架构师将高层设计文档提供给 ChatGPT，引导 ChatGPT 逐步完成每个微服务模块的高层设计。在该过程中，架构师需要将用户需求分解成 ChatGPT 可以理解和执行的问题，结合架构设计的基本原则和技术栈，逐步生成具体的设计方案。

（3）在生成设计方案的同时，架构师需要对方案进行审核、调整和优化，确保其符合设计目标和质量要求。如果发现方案存在潜在的问题，那么架构师需要指导 ChatGPT 进行相应的调整。

（4）最终，针对每个微服务模块，架构师将生成的高层设计文档整理成系统的总体设计文档，包括系统的总体架构、模块之间的关系、组件的功能和接口等内容。该文档将成为后续接口代码实现的基础，确保代码实现与设计一致，并符合设计目标和质量要求。

通过以上步骤，架构师可以借助 ChatGPT 的优势，快速、高效地完成高层设计工作，为接口代码实现打好基础，同时确保设计方案符合系统需求和质量要求。以下是架构师对 TMS 进行接口设计的具体过程。

1. 系统概述

用户需求：某支付公司计划开发 TMS，用以管理部署在各地的 POS 机。主要目的是更好地开展信用卡收单业务，有效管理大量为商户配置的 POS 机。

系统目标：对部署在各地的 POS 机进行有效的管理和维护，提高信用卡收单业务的效率和安全性。

系统功能：

❑ 核心功能：软件管理、密钥管理、设备管理、参数管理。

❑ 支撑功能：远程支持、日志管理、通知管理、用户管理。

2. 架构风格

微服务架构：采用微服务架构风格，将系统拆分成多个独立的服务，以提高系统的可维护性和可扩展性。

3. 模块划分

模块名称	模块描述
设备管理	设备信息查询、设备状态监控、设备远程操作等功能
参数管理	参数设置、参数更新、参数查询等功能
软件管理	软件版本控制、软件更新、软件安装和卸载等功能
密钥管理	密钥生成、密钥更新、密钥分发、密钥注销等功能
远程支持	远程连接 POS 机、远程维护等功能
日志管理	POS 机的运行日志记录、日志查询等功能
通知管理	系统更新通知、设备维护通知、操作提示等功能
用户管理	用户注册、登录、权限分配、信息查询和修改等功能

4. 核心功能

设备管理模块：该模块用于管理部署在各地的 POS 机。具体功能包括设备信息查询、设备状态监控、设备远程操作等。管理员可以通过该模块对设备进行管理和维护，实时获取设备的状态信息，及时发现并处理设备异常。

参数管理模块：该模块用于管理 POS 机的参数。具体功能包括参数设置、参数更新、参数查询等。管理员可以通过该模块对 POS 机的参数进行统一管理和配置，确保 POS 机的各项参数在合适的范围内，以提高收单业务的效率和安全性。

软件管理模块：该模块用于管理部署在各地的 POS 机的软件。具体功能包括软件版本控制、软件更新、软件安装和卸载等。管理员可以通过该模块对 POS 机的软件进行升级和管理，确保 POS 机上的软件始终处于最新版本。

密钥管理模块：该模块用于管理 POS 机的密钥。具体功能包括密钥生成、密钥更新、密钥分发、密钥注销等。管理员可以通过该模块对 POS 机的密钥进行管理，确保 POS 机的密钥安全可靠，提高收单业务的安全性和可信度。

5. 支撑功能

远程支持模块：该模块用于远程连接 POS 机，实现远程维护等功能。管理员可以通过该模块对 POS 机进行远程支持和操作，以降低运维成本和提高维护效率。

日志管理模块：该模块用于记录 POS 机的运行日志并进行查询。管理员可以通过该模块查询 POS 机的运行日志，以便及时发现并处理 POS 机的异常情况。

通知管理模块：该模块用于发送系统更新通知、设备维护通知、操作提示等信息。管理员可以通过该模块向 POS 机用户发送通知信息，以提高 POS 机用户的体验和维护效率。

用户管理模块：该模块用于管理系统的用户，包括用户的注册、登录、权限分配、用户信息查询和修改等功能。管理员可以通过该模块对系统用户进行管理和维护，确保系统的安全性和可靠性。

请生成模块及相关服务调用和各种操作的命名规范。

1. 模块命名规范

采用模块名＋模块类型的方式，如"用户管理服务"。

2. 服务调用命名规范

采用动词＋名词的方式，如"查询设备信息""更新密钥信息"。

3. 操作命名规范

采用动词＋名词的方式，如"添加用户""删除设备"。

根据具体业务需求定义操作的输入和输出参数，明确操作的功能和作用。

请给出所有功能模块的列表，输出为表格格式，包括模块名称、英文缩写和英文全称。

模块名称	英文缩写	英文全称
设备管理	Device_Management	Device Management Module
参数管理	Parameter_Management	Parameter Management Module
软件管理	Software_Management	Software Management Module
密钥管理	Key_Management	Key Management Module
远程支持	Remote_Support	Remote Support Module
日志管理	Log_Management	Log Management Module
通知管理	Notification_Management	Notification Management Module
用户管理	User_Management	User Management Module

设备管理（Device_Management）操作名称：

查询设备信息（DM_GetDeviceInfo）

监控设备状态（DM_MonitorDeviceStatus）

远程操作设备（DM_RemoteDeviceOperation）

添加设备（DM_AddDevice）

删除设备（DM_RemoveDevice）

请按照下面的格式生成设备管理模块的接口定义。

查询设备信息（DM_GetDeviceInfo）

输入参数 输出参数 处理逻辑

设备管理（Device_Management）操作名称：

查询设备信息（DM_GetDeviceInfo）

监控设备状态（DM_MonitorDeviceStatus）

远程操作设备（DM_RemoteDeviceOperation）

添加设备（DM_AddDevice）

删除设备（DM_RemoveDevice）

查询设备信息（DM_GetDeviceInfo）

输入参数	输出参数	处理逻辑
设备 ID	设备信息（包括设备状态、型号、位置等）	根据设备 ID 查找设备信息，返回相关设备信息

监控设备状态（DM_MonitorDeviceStatus）

输入参数	输出参数	处理逻辑
设备 ID	设备状态	根据设备 ID 获取设备状态，返回设备当前状态

远程操作设备（DM_RemoteDeviceOperation）

输入参数	输出参数	处理逻辑
设备 ID，远程操作指令	操作结果（成功或失败）	根据设备 ID 和远程操作指令，对设备进行远程操作，返回操作结果

添加设备（DM_AddDevice）

输入参数	输出参数	处理逻辑
设备信息（包括设备 ID、型号、位置等）	操作结果（成功或失败）	根据输入的设备信息，将新设备添加到系统中，返回操作结果

删除设备（DM_RemoveDevice）

输入参数	输出参数	处理逻辑
设备 ID	操作结果（成功或失败）	根据设备 ID，从系统中移除设备，返回操作结果

按照上面同样的模式生成参数管理模块的接口定义。

参数管理（Parameter_Management）操作名称：

设置参数（PM_SetParameter）

更新参数（PM_UpdateParameter）

查询参数（PM_GetParameter）

参数管理（Parameter_Management）操作名称：

设置参数（PM_SetParameter）

更新参数（PM_UpdateParameter）

查询参数（PM_GetParameter）

设置参数（PM_SetParameter）

输入参数	输出参数	处理逻辑
设备 ID，参数名称，参数值	操作结果（成功或失败）	根据设备 ID 和参数名称，设置指定设备的参数值，返回操作结果

更新参数（PM_UpdateParameter）

输入参数	输出参数	处理逻辑
设备 ID，参数名称，新参数值	操作结果（成功或失败）	根据设备 ID 和参数名称，更新指定设备的参数值，返回操作结果

查询参数（PM_GetParameter）

输入参数	输出参数	处理逻辑
设备 ID，参数名称	参数值	根据设备 ID 和参数名称，查询指定设备的参数值，返回参数值

按照上面同样的模式生成软件管理模块的接口定义。

按照上面同样的模式生成密钥管理模块的接口定义。

按照上面同样的模式生成远程支持模块的接口定义。

按照上面同样的模式生成日志管理模块的接口定义。

按照上面同样的模式生成通知管理模块的接口定义。

按照上面同样的模式生成用户管理模块的接口定义。

所有 TMS 各个功能模块接口的定义可以在架构设计文档中找到。

其他功能模块的接口定义……

由于篇幅有限，这里只展示部分交互内容，完整架构设计文档请参见本书附录 C。

另外一个例子是借助 ChatGPT 完成 TMS 接口的测试用例和测试计划文档。在完成 TMS 设备管理模块的后端服务接口定义之后，我们可以进一步请求 ChatGPT 生成相应的测试用例和测试计划，包括准备好测试数据，以下是具体的交互过程。

请输出上述测试的用例，并给出具体可以执行的测试计划。

设备管理模块的测试用例：

1. 查询设备信息（DM_GetDeviceInfo）

输入：设备 ID

输出：设备信息

预期结果：设备信息正确返回

2.监控设备状态（DM_MonitorDeviceStatus）

输入：设备ID

输出：设备状态

预期结果：设备状态正确返回

3.远程操作设备（DM_RemoteDeviceOperation）

输入：设备ID，远程操作指令

输出：操作结果（成功或失败）

预期结果：设备成功接收操作指令

4.添加设备（DM_AddDevice）

输入：设备信息（包括设备ID、型号、位置等）

输出：操作结果（成功或失败）

预期结果：新设备成功添加到系统中

5.删除设备（DM_RemoveDevice）

输入：设备ID

输出：操作结果（成功或失败）

预期结果：设备成功从系统中移除

测试计划：

1.准备测试数据

❑确保数据库中有足够的设备信息以供测试查询。

❑准备可用的设备ID、设备型号、设备位置等信息以供添加设备测试。

❑准备一些测试用的远程操作指令。

2.执行测试用例

❑对每个测试用例进行单独测试，确保每个操作都能够按预期工作。

❑对测试用例进行组合测试，以确保操作之间没有意外的相互影响。

3.记录测试结果

❑记录每个测试用例的执行结果，以便于分析和跟踪问题。

❑如果遇到问题，记录问题的详细信息以便进行修复。

4.修复问题

❑对于发现的问题，分析原因并修复。

❑修复后重新运行测试用例，确保问题得到解决。

5.总结报告

❑根据测试结果，编写测试报告。

❑报告包括测试用例、测试数据、测试结果和遇到的问题及解决方案。

❑将测试报告提交给相关人员进行审查和确认。

❑在进行测试之前，请确保已经正确配置了测试环境，包括数据库连接和
API服务器设置。执行测试计划时，请根据实际情况进行调整。

5.4　小结

在完成宏观架构设计之后，架构师需要进一步聚焦每个功能层次的功能模块，进行高层设计工作。在这一阶段，架构师可以与ChatGPT互动，对利用ChatGPT自动生成的设计方案进行分析和优化，确保最终的设计方案符合项目需求和团队现实。需要注意的是，ChatGPT自动生成的设计方案可能不完全适合实际使用场景，因此架构师需要根据高层设计原则进行分析和优化，并与ChatGPT进行反复迭代，直到生成的设计方案满足用户需求。

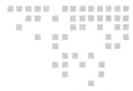

ChatGPT 驱动数据库设计

数据库设计是高层设计的一个重要组成部分,是后续代码实现的前提和基础。在数据库设计过程中,首先需要解决的是数据模型问题,然后在此基础上创建数据库以完成具体的表结构设计。ChatGPT 的强大生成能力不仅体现在架构设计方面,在数据库表结构的设计上也有意想不到的体现。但是,为了与 ChatGPT 成功地互动完成数据库表结构的设计,架构师和数据库管理员需要准备好合适的背景信息,包括业务需求和数据实体的详细定义等。

6.1　数据库设计与 ChatGPT 的协作

数据库是后端应用开发中的重要组成部分,负责存储和管理应用程序所需要的各种数据。在数据库设计阶段,架构师协调数据库管理员规划数据库结构,定义数据表、字段并建立关系。借助 ChatGPT 进行数据库设计,可以提高设计效率、减少人为错误并优化数据结构。通过将 ChatGPT 应用于数据库设计,架构师可以从以下几个方面受益。

□ **数据模型生成**:根据架构师提供的应用程序的基本需求和数据要求等信息,ChatGPT 可以生成初步的数据模型。这些信息可以帮助架构师更高效地完成数据库结构的设计，避免遗漏重要的数据表或字段。

❑ **命名约定和最佳实践**：ChatGPT 可以根据已有的命名约定和最佳实践为数据表和字段提供合适的命名。这部分工作是在宏观总体阶段应该完成的事情，有助于维护一致的代码风格并提高代码的可读性。

❑ **约束和索引推荐**：ChatGPT 可以根据应用对数据的需求以及性能要求，为数据表和相关字段推荐适当的约束和索引。约束可以确保数据的完整性，索引可以优化数据库语句（Query）的查询性能。

例如，我们要为一个电商平台的应用开发后端数据库。在与 ChatGPT 的交互过程中，架构师首先提供了应用程序的基本需求，如用户管理、商品管理和订单管理等功能需求。接着，ChatGPT 根据这些需求生成了初步的数据模型，其中包括数据表、字段及其之间的关系。

在这个过程中，ChatGPT 还根据项目团队已有的命名约定和最佳实践为数据表和字段提供了合适的命名。例如，为用户表选择了 user 作为表名，id、username 和 email 等作为该表的字段名。同时，ChatGPT 根据数据需求和性能要求，为数据表和字段推荐了适当的约束和索引。例如，为 user 表的 id 字段添加了主键约束，为 email 字段添加了唯一约束和索引。通过与 ChatGPT 的协作，架构师在较短的时间内完成了数据库设计，避免了遗漏重要的数据表或字段，同时保持了一致的命名风格，优化了查询性能。

总之，将 ChatGPT 应用于数据库设计可以帮助架构师更高效地完成设计任务，优化数据结构，并保持一致的命名风格。通过实际案例的演示，我们可以看到 ChatGPT 在数据库设计过程中的实际应用和潜力。

6.2 生成数据库表结构应该遵循的原则

在微服务架构下，数据库的表结构设计需要遵循一些关键原则以实现解耦、可扩展性和高性能。以下是在微服务架构下定义数据库表结构应该遵循的一些基本原则。

1. 数据库独立性

每个微服务应该拥有自己独立的数据库，以确保服务之间数据的隔离。这有助于防止不同服务之间的紧密耦合，以确保更好的可扩展性和故障隔离。

2. 数据模型简化

针对每个微服务的业务需求来设计数据模型，尽量保持表结构简单。这有助于提高性能、降低系统复杂性。

3. 避免冗余

减少数据冗余，确保每个数据元素只在一个地方存储。在微服务之间共享数据时，可以使用事件驱动方法或 API 调用来获取其他服务的数据。

4. 一致性与可用性

根据业务需求在一致性和可用性之间做出权衡。例如，如果一个服务需要实时性很高的数据，可以考虑使用分布式数据库来实现数据的高可用性。如果数据一致性更重要，可以选择适当的事务控制和数据一致性策略。

5. 数据库类型选择

根据微服务的业务场景和需求选择合适的数据库类型，如关系型数据库、文档型数据库、列式数据库等。每种数据库类型都有其优缺点，需要根据具体情况进行选择。

6. 数据库性能优化

在设计表结构时应考虑性能优化，例如合理地使用索引、分区、视图等技术来提高查询的速度和性能。

7. 数据库版本控制

为了保证数据库表结构的一致性和持续集成，使用数据库版本控制工具（如 Liquibase、Flyway 等）来管理数据库表结构的变更。

8. 数据安全与合规

在设计表结构时，要确保敏感数据的安全性，如对敏感数据进行加密存储、限制敏感数据的访问权限等。同时，遵循相关法规和行业标准，以确保数据的合规性。

总之，在微服务架构下定义数据库表结构时，需要考虑数据库独立性、数据模型简化、避免冗余、一致性与可用性、数据库类型选择、数据库性能优化、数据库版本控制以及数据安全与合规。这有助于实现高可用、高性能、可扩展的微服务系统。

在利用 ChatGPT 生成数据库表结构时，至少有两种方法可以尝试。一种是基于对数据库表结构的描述生成 SQL 语句，另一种是基于已有的数据来生成 SQL 语句，最终执行 SQL 语句创建数据库表结构。前一种是比较传统的正向工程的过程，适合系统从无到有，从用户需求到架构设计，再到高层设计的正常软件开发。后一种实际上是逆向工程的过程，根据结果反推数据库表结构，更适合系统迁移或者优化现有系统的过程。

6.3 利用 ChatGPT 完成数据库设计

在高层设计阶段，完成数据库设计的标志是生成数据库设计文档，也称为数据库设计规范。该文档包括数据库的模式设计、表和字段定义、索引和约束等内容，是后续代码实现的基础。该文档应该清晰地定义每个数据实体以及实体之间的关系，同时描述每个数据实体的属性和类型、数据表的索引和约束等详细信息。架构师在与 ChatGPT 互动生成数据库表结构设计的过程中，可以通过以下五个步骤完成数据库设计工作。

（1）**引导 ChatGPT 理解业务需求和数据实体的定义**：架构师需要向 ChatGPT 提供充分的业务需求，包括功能划分与准确的定义以及对相关数据实体的定义，以确保 ChatGPT 可以准确地理解和处理这些信息。

（2）**生成表结构设计方案**：架构师结合架构设计的基本原则和技术栈，逐步指导 ChatGPT 生成具体的表结构设计方案。架构师需要确保所生成的方案符合系统设计的目标和质量要求，并且能够满足用户需求。

（3）**审核、调整和优化方案**：架构师需要对 ChatGPT 生成的方案进行审核、调整和优化。如果发现潜在的问题，那么架构师需要提示 ChatGPT 进行相应的调整。此外，架构师还需要确保所生成的方案能够与现有的数据库结构进行整合，以确保数据的一致性和完整性。

（4）**生成数据库设计文档**：架构师和数据库管理员根据 ChatGPT 生成的方案，编写数据库设计文档，包括数据库的模式设计、表和字段定义、索引和约束等内容。数据库设计文档应该清晰地定义每个数据实体及实体之间的关系，同时描述每个数据实体的属性和类型，以及数据表的索引和约束等详细信息。

（5）提交和审核数据库设计文档：生成的数据库设计文档应该提交给相关的团队成员进行审核和调整，并将该文档视为后续代码实现的重要参考指南。数据库管理员还需要对所生成的数据库表结构进行审核和优化，以确保其满足项目的需求，并且符合数据库设计的最佳实践。

通过图6-1所示的过程，架构师和数据库管理员可以借助ChatGPT的优势，快速、高效地完成数据库表结构的设计工作，为后续的代码实现打好基础，同时确保设计方案符合项目需求和质量要求。

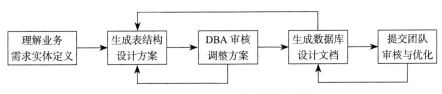

图6-1　利用ChatGPT完成数据库设计

下面以生成某公司的员工数据表为例，通过架构师向ChatGPT具体描述各个数据项以及数据实体之间的逻辑关系，从而生成数据库的表结构，这也是前面提到的正向方法。

❓

描述公司员工信息如下。

姓名（Name）：员工的全名。

性别（Gender）：员工的性别，如男、女或其他。

出生日期（Date_of_Birth）：员工的出生日期。

身份证号（ID_Number）：员工的身份证号或其他身份证明。

国籍（Nationality）：员工的国籍。

籍贯（Hometown）：员工的籍贯。

民族（Ethnicity）：员工的民族。

婚姻状况（Marital_Status）：员工的婚姻状况，如已婚、未婚、离婚等。

联系电话（Phone_Number）：员工的联系电话。

电子邮箱（Email）：员工的电子邮箱地址。

家庭住址（Home_Address）：员工的家庭住址。

入职日期（Hire_Date）：员工的入职日期。

职位（Position）：员工在公司的职位。

部门（Department）：员工所属的部门。

直接上级（Supervisor）：员工的直接上级或经理。

薪资等级（Salary_Grade）：员工的薪资等级。

基本工资（Base_Salary）：员工的基本工资。

员工状态（Employment_Status）：员工的状态，如在职、离职、休假等。

教育背景（Education_Background）：员工的最高学历或学位。

毕业院校（Graduated_School）：员工毕业的院校。

专业（Major）：员工的专业领域。

紧急联系人（Emergency_Contact）：员工的紧急联系人。

紧急联系人电话（Emergency_Contact_Phone）：紧急联系人的电话号码。

根据上述员工信息描述，先分析员工基本信息的数据结构，然后提出数据库设计的方案，要求包括数据之间的关联关系。

根据对前面数据的分析，可以设计出以下数据库表结构，包括了员工基本信息表和部门信息表，并且在员工基本信息表中增加了上级领导和部门的外键关联。

1. 员工基本信息表（employee_info）

id：唯一标识符，自增长整数类型

name：姓名，字符串类型

gender：性别，字符串类型

date_of_birth：出生日期，日期类型

id_number：身份证号或其他身份证明，字符串类型

nationality：国籍，字符串类型

hometown：籍贯，字符串类型

ethnicity：民族，字符串类型

marital_status：婚姻状况，字符串类型

phone_number：联系电话，字符串类型

email：电子邮箱地址，字符串类型

home_address：家庭住址，字符串类型

hire_date：入职日期，日期类型

position：职位，字符串类型

salary_grade：薪资等级，整数类型

base_salary：基本工资，浮点数类型

employment_status：员工状态，字符串类型

education_background：最高学历或学位，字符串类型

graduated_school：毕业院校，字符串类型

major：专业领域，字符串类型

emergency_contact：紧急联系人，字符串类型

emergency_contact_phone：紧急联系人电话，字符串类型

supervisor_id：直接上级 id，外键关联到员工基本信息表中的 id 字段

department_id：部门 id，外键关联到部门信息表中的 id 字段

2. 部门信息表（department_info）

id：唯一标识符，自增长整数类型

name：部门名称，字符串类型

manager_id：部门经理 id，外键关联到员工基本信息表中的 id 字段

这样设计的好处是可以更方便地进行部门和员工信息的关联查询，如查询某个部门的员工信息或查询某个员工所在的部门名称等，同时避免了数据冗余和一致性问题。

请生成数据实体之间的关系图。

抱歉，作为一个文本生成模型，我无法直接生成 ER 图。但是，我可以帮助您描述这个 ER 图，然后您可以使用专门的数据库设计工具来创建 ER 图。

在 ER 图中，您可以创建两个实体：员工基本信息表（employee_info）和部门信息表（department_info）。

员工基本信息表（employee_info）实体的属性包括：

```
id
name
gender
date_of_birth
id_number
nationality
hometown
ethnicity
marital_status
phone_number
email
home_address
hire_date
position
salary_grade
base_salary
employment_status
education_background
graduated_school
major
emergency_contact
emergency_contact_phone
supervisor_id
department_id
```

部门信息表（department_info）实体的属性包括：

```
id
name
manager_id
```

在 ER 图中，您需要创建以下关系。

❑ 部门经理关系：部门信息表的 manager_id 属性与员工基本信息表的 id 属性之间的外键关联。这表示每个部门都有一个经理，而每个员工可以成为一个或多个部门的经理。

❑ 员工 – 部门关系：员工基本信息表的 department_id 属性与部门信息表的 id
属性之间的外键关联。这表示每个员工只能属于一个部门，而一个部门可
以有多个员工。

❑ 上级领导关系：员工基本信息表的 supervisor_id 属性与员工基本信息表的
id 属性之间的外键关联。这表示每个员工有一个直接上级，而一个员工可
以是多个员工的直接上级。

您可以使用数据库设计工具（如 Lucidchart、dbdiagram.io 等）根据这些描述
来创建 ER 图。

请根据上述分析结果，生成基于 MySQL 的 SQL 语句，创建员工信息数据库
EDB，为员工信息应用生成一个数据库用户，定义数据表，并且建立表之间的关系。

根据您的需求，以下是创建员工信息数据库、用户、数据表和建立表之间关
系的 MySQL SQL 语句：

创建员工信息数据库 EDB：

```
CREATE DATABASE EDB;
```

为员工信息应用创建一个数据库用户（将 username 和 password 替换为实际的
用户名和密码）：

```
CREATE USER 'username'@'localhost' IDENTIFIED BY 'password';
GRANT ALL PRIVILEGES ON EDB.* TO 'username'@'localhost';
FLUSH PRIVILEGES;
```

定义员工基本信息表和部门信息表：

```
USE EDB;

CREATE TABLE department_info (
  id INT AUTO_INCREMENT PRIMARY KEY,
  name VARCHAR(255) NOT NULL,
```

```
    manager_id INT
);

CREATE TABLE employee_info (
  id INT AUTO_INCREMENT PRIMARY KEY,
  name VARCHAR(255) NOT NULL,
  gender VARCHAR(10) NOT NULL,
  date_of_birth DATE,
  id_number VARCHAR(50) UNIQUE,
  nationality VARCHAR(255),
  hometown VARCHAR(255),
  ethnicity VARCHAR(255),
  marital_status VARCHAR(255),
  phone_number VARCHAR(50),
  email VARCHAR(255),
  home_address VARCHAR(255),
  hire_date DATE,
  position VARCHAR(255),
  salary_grade INT,
  base_salary DECIMAL(10, 2),
  employment_status VARCHAR(255),
  education_background VARCHAR(255),
  graduated_school VARCHAR(255),
  major VARCHAR(255),
  emergency_contact VARCHAR(255),
  emergency_contact_phone VARCHAR(50),
  supervisor_id INT,
  department_id INT,
  FOREIGN KEY (supervisor_id) REFERENCES employee_info (id),
  FOREIGN KEY (department_id) REFERENCES department_info (id)
);
```

建立部门经理与员工信息表之间的关系：

```
ALTER TABLE department_info
ADD FOREIGN KEY (manager_id) REFERENCES employee_info (id);
```

以上 SQL 语句创建了一个名为 EDB 的数据库，定义了员工基本信息表（employee_info）和部门信息表（department_info），并建立了表之间的关系。请注意，在实际操作中，您需要将 username 和 password 替换为实际的用户名和密码。

请根据前面的 SQL 语句生成更加具体的数据库表结构描述图。

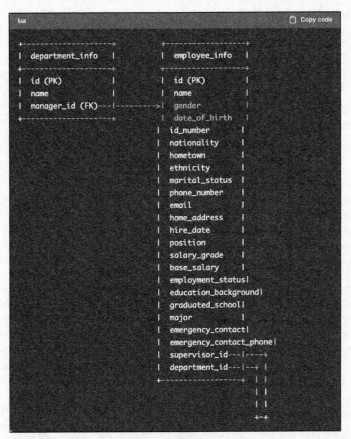

这张表结构描述图显示了员工信息数据库 EDB 中的两个表：department_info 和 employee_info。图中展示了表之间的主键（PK）和外键（FK）的关系。部门信息表（department_info）的 manager_id 字段是一个外键，它引用了员工基本信息表（employee_info）中的 id 字段。同时，员工基本信息表中的 supervisor_id 和 department_id 字段分别引用了员工基本信息表和部门信息表中的 id 字段，建立了表之间的关联关系。

根据上面的数据库表结构，生成 10 条样本数据，并展示前 6 个数据项。

```
INSERT INTO employee_info (
  Employee_ID, Name, Gender, Date_of_Birth, ID_Number, Nationality,
  Hometown, Ethnicity, Marital_Status, Phone_Number, Email, Home_Address,
  Hire_Date, Position, Department, Supervisor, Salary_Grade, Base_Salary,
  Employment_Status, Education_Background, Graduated_School, Major,
  Emergency_Contact, Emergency_Contact_Phone
) VALUES
(1, '张三', 'Male', '1990-05-15', '11010119900515201X', '中国', '北京市',
'汉族', 'Single', '13812345678', 'zhangsan@example.com', '北京市朝阳区',
'2018-06-01', '软件工程师', '技术部', NULL, 5, 15000, 'Active', '本科', '
北京大学', '计算机科学与技术', '李四', '13912345678'),
(2, '李四', 'Female', '1988-10-20', '110102198810201245', '中国', '北京
市', '汉族', 'Married', '13998765432', 'lisi@example.com', '北京市海淀区',
'2016-07-15', '项目经理', '技术部', NULL, 7, 20000, 'Active', '硕士', '清
华大学', '软件工程', '王五', '13888888888'),
(3, '王五', 'Male', '1995-08-30', '110105199508301115', '中国', '北京市',
'汉族', 'Single', '13512349876', 'wangwu@example.com', '北京市昌平区',
'2019-09-01', '测试工程师', '技术部', 1, 4, 12000, 'Active', '本科', '北京
邮电大学', '通信工程', '赵六', '13765432198'),
(4, '赵六', 'Female', '1993-12-25', '110108199312251013', '中国', '天津市',
'汉族', 'Married', '13765432198', 'zhaoliu@example.com', '天津市南开区',
'2018-11-20', 'UI设计师', '设计部', NULL, 5, 15000, 'Active', '本科', '天
津美术学院', '视觉传达设计', '李四', '13998765432'),
(5, '孙七', 'Male', '1992-03-05', '120101199203052457', '中国', '天津市', '
汉族', 'Single', '13345678901', 'sunqi@example.com', '天津市和平区', '2017-
08-01', '市场专员', '市场部', NULL, 4, 11000, 'Active', '本科', '南开大学',
'市场营销', '张三', '13812345678'),
(6, '周八', 'Female', '1991-06-10', '120102199106104589', '中国', '天津市',
'汉族', 'Married', '13123456789', 'zhouba@example.com', '天津市河西区',
'2019-04-01', '人事专员', '人力资源部', NULL, 4, 11000, 'Active', '本科', '
天津商业大学', '人力资源管理', '孙七', '13345678901'),
(7, '吴九', 'Male', '1987-11-15', '110103198711152598', '中国', '北京市',
'汉族', 'Single', '13098765432', 'wujie@example.com', '北京市石景山区',
'2016-06-01', '财务专员', '财务部', NULL, 4, 12000, 'Active', '本科', '对
外经济贸易大学', '财务管理', '周八', '13123456789'),
(8, '郑十', 'Female', '1996-04-20', '110104199604201187', '中国', '北京市',
'汉族', 'Single', '13234567890', 'zhengshi@example.com', '北京市房山区',
'2020-07-01', '运维工程师', '技术部', 1, 3, 10000, 'Active', '本科', '北京
交通大学', '电子信息工程', '吴九', '13098765432'),
(9, '钱十一', 'Male', '1994-09-15', '110105199409152517', '中国', '北京市',
'汉族', 'Married', '13456789012', 'qianshiyi@example.com', '北京市顺义区',
'2017-01-01', '销售代表', '销售部', NULL, 3, 8000, 'Active', '本科', '北京
工商大学', '市场营销', '郑十', '13234567890'),
(10, '季十二', 'Female', '1990-07-30', '110106199007301245', '中国', '北京
```

```
市 ', '汉族', 'Single', '13567890123', 'jishier@example.com', '北京市通州
区 ', '2018-08-01', '客户服务专员 ', '客服部 ', NULL, 3, 8000, 'Active', '本
科 ', '首都经济贸易大学 ', '电子商务 ', '钱十一 ', '13456789012');
```

以下是前 6 个数据项：

```
员工ID: 1, 姓名: 张三, 性别: 男, 出生日期: 1990-05-15
员工ID: 2, 姓名: 李四, 性别: 女, 出生日期: 1988-10-20
员工ID: 3, 姓名: 王五, 性别: 男, 出生日期: 1995-08-30,
员工ID: 4, 姓名: 赵六, 性别: 女, 出生日期: 1993-12-25
员工ID: 5, 姓名: 孙七, 性别: 男, 出生日期: 1992-03-05
员工ID: 6, 姓名: 周八, 性别: 女, 出生日期: 1991-06-10
```

通过上面的过程，架构师不仅在 ChatGPT 的协助下基于描述生成了可以工作的数据库结构，而且通过样本数据的生成直观地验证了所生成数据结构的正确性。经过数据库管理员的审核，这些 SQL 语句可以用来生成具体的表结构，把 SQL 语句粘贴到 MySQL 数据库中，然后执行该语句即可成功地生成员工信息表。

6.4 利用 ChatGPT 基于数据生成数据库表结构

在实际工作中，讨论并确定许多实体的属性以及数据项之间的关系等内容，可能是一件非常烦琐而且抽象的事情。架构师或数据库管理员可以通过与 ChatGPT 互动，借助实际的数据样例进行分析和讨论，利用 ChatGPT 完成数据库设计。此外，在进行系统迁移或在未掌握现有数据结构的情况下，数据库管理员同样可以采用这种方法进行逆向工程来实现数据库的设计和创建。例如，我们已经拥有了某公司员工和部门的数据样例，可以让 ChatGPT 根据这两类数据之间的关联关系，生成合适的数据库表结构。

我有两类数据，一类是关于公司部门的，另一类是关于公司员工的。具体数据样例如下。

部门数据：

```
部门,部门名称,部门ID,地址,负责人
IT,信息技术部,1001,北京市朝阳区,张三
HR,人力资源部,1002,北京市海淀区,李四
```

```
Sales,销售部,1003,上海市浦东新区,王五
Marketing,市场部,1004,广州市天河区,赵六
```

员工数据：

```
姓名,性别,生日,员工ID,电话,电子邮箱,部门ID
张三,男,1980-01-01,2001,13812345678,zhangsan@example.com,1001
李四,女,1985-05-10,2002,13912345678,lisi@example.com,1002
王五,男,1990-08-20,2003,13612345678,wangwu@example.com,1003
赵六,女,1995-12-25,2004,13712345678,zhaoliu@example.com,1004
张飞,男,1982-03-15,2005,13812345679,zhangfei@example.com,1001
关羽,男,1983-06-20,2006,13912345679,guanyu@example.com,1001
刘备,男,1985-09-25,2007,13612345679,liubei@example.com,1001
```

请帮忙分析这两类数据及两者之间的关系。

根据提供的数据样例，我们可以分析出以下信息。

部门数据包含以下字段。

❑ 部门：部门的简称

❑ 部门名称：部门的全称

❑ 部门ID：部门的唯一标识符

❑ 地址：部门所在的地理位置

❑ 负责人：部门的负责人姓名

员工数据包含以下字段。

❑ 姓名：员工的姓名

❑ 性别：员工的性别

❑ 生日：员工的出生日期

❑ 员工ID：员工的唯一标识符

❑ 电话：员工的联系电话

❑ 电子邮箱：员工的电子邮箱地址

❑ 部门ID：员工所属部门的唯一标识符

从这两类数据中，我们可以发现它们之间的关系是通过部门ID关联的。部门ID在部门数据中是唯一的，而在员工数据中，每个员工都有一个对应的部门ID，

表示该员工属于哪个部门。这里，部门数据和员工数据之间是一对多的关系，即一个部门可以有多个员工，而每个员工只能属于一个部门。

请根据上面两类数据的情况定义两个数据表，注意它们之间的关联关系。

根据上述数据样例及分析，我们可以定义以下两个数据表及它们之间的关联关系。

部门表（department）

id：部门ID，唯一标识符，自增长整数类型

abbreviation：部门简称，字符串类型

name：部门名称，字符串类型

address：部门地址，字符串类型

manager_name：部门负责人姓名，字符串类型

员工表（employee）

id：员工ID，唯一标识符，自增长整数类型

name：员工姓名，字符串类型

gender：员工性别，字符串类型

birth_date：员工生日，日期类型

phone：员工联系电话，字符串类型

email：员工电子邮箱，字符串类型

department_id：员工所属部门ID，外键关联到部门表的id字段

在这两个数据表之间，部门表和员工表通过部门ID（department_id）建立了关联关系。这里的关系是一对多的关系，即一个部门可以有多个员工，每个员工只能属于一个部门。

根据上面的结果生成基于MySQL的SQL语句，创建数据库，定义相关的数

据表并建立表之间的关系。

根据上面的数据表定义，我们可以生成以下基于 MySQL 的 SQL 语句，创建数据库、定义数据表并建立表之间的关系：

```sql
-- 创建数据库
CREATE DATABASE company_db DEFAULT CHARACTER SET utf8mb4 COLLATE utf8mb4_
  unicode_ci;

-- 使用创建的数据库
USE company_db;

-- 创建部门表
CREATE TABLE department (
  id INT UNSIGNED AUTO_INCREMENT PRIMARY KEY,
  abbreviation VARCHAR(255) NOT NULL,
  name VARCHAR(255) NOT NULL,
  address VARCHAR(255) NOT NULL,
  manager_name VARCHAR(255) NOT NULL
) ENGINE=InnoDB DEFAULT CHARSET=utf8mb4 COLLATE=utf8mb4_unicode_ci;

-- 创建员工表
CREATE TABLE employee (
  id INT UNSIGNED AUTO_INCREMENT PRIMARY KEY,
  name VARCHAR(255) NOT NULL,
  gender ENUM('男', '女') NOT NULL,
  birth_date DATE NOT NULL,
  phone VARCHAR(255) NOT NULL,
  email VARCHAR(255) NOT NULL,
  department_id INT UNSIGNED,
  FOREIGN KEY (department_id) REFERENCES department(id)
) ENGINE=InnoDB DEFAULT CHARSET=utf8mb4 COLLATE=utf8mb4_unicode_ci;
```

这些 SQL 语句首先创建了一个名为 company_db 的数据库，然后创建了 department 和 employee 两个数据表，并通过外键 department_id 建立了它们之间的关联关系。

利用现有数据样例生成数据库表结构的方法，非常适用于系统迁移或数据库迁移的场景。例如，一个专门展示某地区所有商业服务设施和店铺的网站，在运行了一年多以后，受到用户的热烈欢迎，导致流量剧增。这是最初进行应用设计时未预料到的。该网站偶尔还会出现因为发布店铺打折信息而导致整个网站响应缓慢，甚至无法正常打开页面提供服务的情况。因此，运营方决定重构其应用系统，将基于低代码平台的网站迁移到采用 Go 技术栈的新平台上。

系统开发本身进展顺利，但是网站技术人员对如何将大量数据迁移到新平台感到担忧。因为旧网站的数据以 JSON 格式存储在低代码平台上，所以开发人员需要将这些数据平滑地迁移到新的 MySQL 数据库中。迁移时需要先解析现有的 JSON 格式数据。技术人员先导出了一个典型的 JSON 格式的数据样例。接着，通过 ChatGPT 进行逆向工程，根据所采集到的数据样例，采用本节前面描述的方法生成数据库表结构，并在此基础上，生成数据查询的 API。在保持前端网页不变的情况下，仅替换数据查询部分的代码，最终顺利地完成了网站的迁移任务。

6.5 ChatGPT 驱动 TMS 数据库创建

在 TMS 的高层设计过程中，架构师针对系统的参数管理、设备管理、软件管理和密钥管理服务模块进行了概要设计，其中每个模块的设计都包含数据库设计。然而，TMS 的数据库表结构并非完全独立于各个模块，这些表之间存在着多种内在和外在的关系。因此，在高层设计阶段，要创建合理且有效的数据库，必须先从宏观整体的角度分析所涉及的领域、厘清各领域内实体的属性以及不同实体之间的关联关系，分析各功能模块的数据结构以及不同模块数据结构之间的关联关系，消除重复的表、字段和关系，补充缺失的表、字段和关系。

接下来，数据库管理员与 ChatGPT 互动生成统一的数据库视图。在此基础上，数据库管理员对数据库表结构进行分析、验证和优化，形成完整的数据库设计方案。最后，管理员将完整的数据库设计方案提交给 ChatGPT，以生成创建数据库的 SQL 语句。这样的流程有助于确保数据库设计的准确性和完整性，为 TMS 的开发奠定基础。

在高层设计方案中，我们提取了关于核心功能模块的数据库设计内容，然后由数据库管理员将其整合成 TMS 数据库的整体设计方案。数据库管理员根据高层设计方案中每个核心模块的数据库表结构设计要求，检查设备管理服务、参数管理服务、软件管理服务、密钥管理服务的数据库设计是否合理。

在调整数据字段的名称和其他属性时，数据库管理员应确保它们与既有数据结构中字段的名称及其相关属性保持一致，同时避免出现冲突。通过这样的流程，我们确保了数据库设计的准确性和完整性，并为 TMS 的高效运行奠定了基础。在实际操作中，具体的数据库设计内容将根据实际需求和应用场景进行调整和优化。

在数据库管理员向 ChatGPT 提供最终确定的数据库设计信息之后，ChatGPT 将自动生成可以创建 TMSDB 的数据库脚本。在经过架构审核与验证的基础上，数据库管理员在 MySQL 数据库上执行相应的 SQL 语句，创建 TMSDB 数据库。以下是数据库管理员与 ChatGPT 互动完成 TMS 数据库设计的过程。

1. 设备表（devices）：

设备 ID（id）

设备序列号（serial_number）

设备状态（status）

设备型号（model）

设备位置（location）

所属商户 ID（merchant_id）

创建时间（created_at）

更新时间（updated_at）

2. 商户表（merchants）：

商户 ID（id）

商户名称（name）

商户联系人（contact_name）

商户联系电话（contact_phone）

商户地址（address）

创建时间（created_at）

更新时间（updated_at）

3.参数表（parameters）：

参数 ID（id）

设备 ID（device_id）

参数名称（name）

参数描述（description）

参数类型（type）

取值范围（value_range）

创建时间（created_at）

更新时间（updated_at）

4.软件版本表（versions）：

版本 ID（id）

软件名称（name）

软件版本号（version）

软件描述（description）

发布时间（release_time）

5.软件更新表（upgrading_tasks）：

任务 ID（id）

设备 ID（device_id）

版本 ID（version_id）

升级时间（upgrade_time）

任务状态（status，包括创建、进行中、成功、失败）

创建时间（created_at）

更新时间（updated_at）

6.密钥表（keys）：

密钥 ID（id）

设备 ID（device_id）

密钥类型（key_type）

密钥值（key_value）

密钥状态（key_status）

创建时间（created_at）

更新时间（updated_at）

请分析上述几个 TMS 核心功能或者模块的数据结构是否合理，是否有遗漏或者重复？

经过分析，您提供的 TMS 核心功能模块的数据结构看起来合理且完整。这些表之间的关系也已经很清晰地表达出来。以下是对各个表格的概要介绍。

❑ 设备表（devices）：包含设备的基本信息和与商户之间的关联关系。

❑ 商户表（merchants）：包含商户的基本信息。

❑ 参数表（parameters）：包含与设备关联的参数信息。

❑ 软件版本表（versions）：包含软件的版本信息。

❑ 软件更新表（upgrading_tasks）：包含设备软件更新任务的信息，以及与设备和软件版本的关联关系。

❑ 密钥表（keys）：包含与设备关联的密钥信息。

根据您提供的信息，这些表格之间没有明显的重复或遗漏。然而，在实际应用中您可能还需要根据业务需求对这些数据结构进行调整和优化。如果您有进一步的疑问或需要帮助，请随时告诉我。

基于上面的数据结构创建基于 MySQL 的 TMS 数据库 TMSDB，数据库用户 tmsuser，定义表结构以及表之间的必要关系，生成相应的索引。

首先，创建 TMS 数据库 TMSDB 和用户 tmsuser：

```
CREATE DATABASE TMSDB;
```

```
CREATE USER 'tmsuser'@'localhost' IDENTIFIED BY 'your_password';
GRANT ALL PRIVILEGES ON TMSDB.* TO 'tmsuser'@'localhost';
FLUSH PRIVILEGES;
```

接下来，定义表结构以及表之间的必要关系：

```
USE TMSDB;
CREATE TABLE devices (
  id INT PRIMARY KEY AUTO_INCREMENT,
  serial_number VARCHAR(255) NOT NULL UNIQUE,
  status ENUM('active', 'inactive', 'maintenance') NOT NULL,
  model VARCHAR(255) NOT NULL,
  location VARCHAR(255) NOT NULL,
  merchant_id INT,
  created_at TIMESTAMP DEFAULT CURRENT_TIMESTAMP,
  updated_at TIMESTAMP DEFAULT CURRENT_TIMESTAMP ON UPDATE
CURRENT_TIMESTAMP
);
CREATE TABLE merchants (
  id INT PRIMARY KEY AUTO_INCREMENT,
  name VARCHAR(255) NOT NULL,
  contact_name VARCHAR(255) NOT NULL,
  contact_phone VARCHAR(20) NOT NULL,
  address VARCHAR(255) NOT NULL,
  created_at TIMESTAMP DEFAULT CURRENT_TIMESTAMP,
  updated_at TIMESTAMP DEFAULT CURRENT_TIMESTAMP ON UPDATE CURRENT_TIMESTAMP
);
CREATE TABLE parameters (
  id INT PRIMARY KEY AUTO_INCREMENT,
  device_id INT NOT NULL,
  name VARCHAR(255) NOT NULL,
  description TEXT,
  type ENUM('text', 'integer', 'float', 'boolean', 'datetime') NOT NULL,
  value_range VARCHAR(255),
  created_at TIMESTAMP DEFAULT CURRENT_TIMESTAMP,
  updated_at TIMESTAMP DEFAULT CURRENT_TIMESTAMP ON UPDATE CURRENT_
    TIMESTAMP,
  FOREIGN KEY (device_id) REFERENCES devices(id)
);
CREATE TABLE versions (
  id INT PRIMARY KEY AUTO_INCREMENT,
  name VARCHAR(255) NOT NULL,
  version VARCHAR(50) NOT NULL,
  description TEXT,
  release_time TIMESTAMP DEFAULT CURRENT_TIMESTAMP
);
CREATE TABLE upgrading_tasks (
```

```
    id INT PRIMARY KEY AUTO_INCREMENT,
    device_id INT NOT NULL,
    version_id INT NOT NULL,
    upgrade_time TIMESTAMP DEFAULT CURRENT_TIMESTAMP,
    status ENUM('created', 'in_progress', 'successful', 'failed') NOT NULL,
    created_at TIMESTAMP DEFAULT CURRENT_TIMESTAMP,
    updated_at TIMESTAMP DEFAULT CURRENT_TIMESTAMP ON UPDATE CURRENT_
      TIMESTAMP,
    FOREIGN KEY (device_id) REFERENCES devices(id),
    FOREIGN KEY (version_id) REFERENCES versions(id)
);
CREATE TABLE keys (
  id INT PRIMARY KEY AUTO_INCREMENT,
  device_id INT NOT NULL,
  key_type ENUM('public', 'private', 'symmetric') NOT NULL,
  key_value TEXT NOT NULL,
  key_status ENUM('active', 'inactive', 'revoked') NOT NULL,
  created_at TIMESTAMP DEFAULT CURRENT_TIMESTAMP,
  updated_at TIMESTAMP DEFAULT CURRENT_TIMESTAMP ON UPDATE CURRENT_
    TIMESTAMP,
  FOREIGN KEY (device_id) REFERENCES devices(id)
);
```

最后，为表生成相应的索引：

```
CREATE INDEX idx_devices_merchant_id ON devices(merchant_id);
CREATE INDEX idx_parameters_device_id ON parameters(device_id);
CREATE INDEX idx_upgrading_tasks_device_id ON upgrading_tasks(device_id);
CREATE INDEX idx_upgrading_tasks_version_id ON upgrading_tasks(version_id);
CREATE INDEX idx_keys_device_id ON keys(device_id);
```

这些 SQL 语句将创建 TMS 数据库 TMSDB、用户 tmsuser，定义表结构和表之间的关系，并为表生成索引。请确保将 your_password 替换为实际的密码。

请对 TMSDB 的数据模型进行描述。

TMSDB 数据模型包含以下六个主要的数据表。

1. 设备表（devices）：

设备表包含关于 TMS 中所有设备的详细信息。表中的字段包括设备 ID、设备序列号、设备状态、设备型号、设备位置、所属商户 ID、创建时间和更新时间。

2. 商户表（merchants）：

商户表存储了与设备相关的商户信息。表中的字段包括商户 ID、商户名称、商户联系人、商户联系电话、商户地址、创建时间和更新时间。

3. 参数表（parameters）：

参数表包含与设备相关的参数信息。表中的字段包括参数 ID、设备 ID、参数名称、参数描述、参数类型、取值范围、创建时间和更新时间。参数表与设备表通过设备 ID 进行关联。

4. 软件版本表（versions）：

软件版本表存储了关于 TMS 中可用软件版本的信息。表中的字段包括版本 ID、软件名称、软件版本号、软件描述和发布时间。

5. 软件更新表（upgrading_tasks）：

软件更新表包含了与设备相关的软件升级任务信息。表中的字段包括任务 ID、设备 ID、版本 ID、升级时间、任务状态、创建时间和更新时间。软件更新表与设备表和软件版本表分别通过设备 ID 和版本 ID 进行关联。

6. 密钥表（skeys）：

密钥表存储了与设备相关的密钥信息。表中的字段包括密钥 ID、设备 ID、密钥类型、密钥值、密钥状态、创建时间和更新时间。密钥表与设备表通过设备 ID 进行关联。

这个数据模型为 TMS 提供了一个结构化的方式来存储和管理设备、商户、参数、软件版本、软件更新任务和密钥等相关信息。通过这个数据模型，TMS 可以实现高效的数据存储、查询和管理，以支持其核心功能和服务。

数据库管理员根据 ChatGPT 提供的数据库创建脚本创建 TMSDB 数据库。然后数据库管理员使用诸如 dbForge Studio 和 MySQL Workbench 等逆向工程工具，根据实际创建的数据库生成直观的 ER 视图。TMSDB 案例使用 MySQL Workbench 生成了如图 6-2 所示的 ER 图。这样的 ER 图有助于数据库管理员进一步分析并确保所创建的

TMSDB 的数据库结构符合架构设计和高层设计的要求，进而支持后续的系统开发和代码实现。

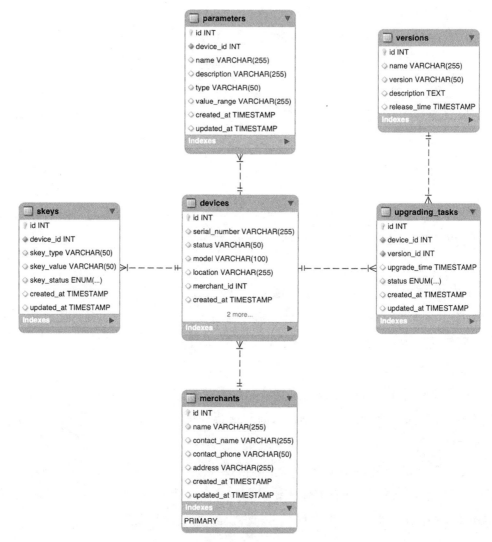

图 6-2　根据创建的 TMSDB 生成 ER 图

通过 ER 图，数据库管理员可以清晰地看到各个表之间的关系、字段类型、索引以及约束等信息。数据库管理员可以对照架构设计和高层设计文档，验证 TMSDB 数据库的结构是否可以满足需求。若发现数据库结构与设计要求有出入，数据库管理员可以及时对数据库表结构进行调整，以保证数据库设计的正确性和一致性。

在确保 TMSDB 数据库结构满足设计要求后，数据库管理员将该数据库结构交付给开发团队，以便开发工程师在后续系统开发中使用。这样，在整个项目的开发周期中，通过数据库管理员与 ChatGPT 的互动，确保 TMSDB 数据库的设计质量和效率。

6.6 小结

创建数据库表关系是高层设计过程中的一个重要组成部分，也是软件开发工作的基础。数据库管理员在高层设计过程中进一步明确了各个模块及其数据项，并将其详细地描述清楚。然后，将这些信息提交给 ChatGPT，由 ChatGPT 自动生成针对特定数据库的数据模型。数据库管理员在验证数据模型的正确性之后，由 ChatGPT 生成 SQL 语句。接着，在目标数据库上执行创建脚本，定义数据表、建立表间的关系，并且生成必要的索引和约束。

ChatGPT 驱动 UI/UX 设计

UI/UX（用户界面 / 用户体验）在软件开发过程中起着至关重要的作用。一个优秀的 UI/UX 设计不仅能让软件看上去更美观、更具吸引力，还能通过良好的用户体验提高用户的留存率，能够让用户在使用软件时轻松地找到所需要的功能和信息，从而提高用户的满意度。即便是企业内部的软件开发，直观且易用的界面也可以帮助用户更快地完成任务，从而提高生产力。本章将聚焦讨论如何利用 ChatGPT 来助力设计师设计出好的 UI/UX。

7.1 利用 ChatGPT 指导 UI/UX 的设计原则

遵循 UI/UX 设计原则和最佳实践，能帮助设计师打造更具吸引力且高度易用的产品。在构思和设计的过程中，设计师依靠这些原则来指导设计，保持正确的方向，避免忽略关键要素，从而创造出卓越的用户体验。那么，设计师在思考和设计应用的 UI/UX 过程中，到底需要遵循哪些原则呢？

1. 简单易用原则

UI/UX 设计应追求简洁、易用和直观，以便用户可以快速掌握并使用应用程序的各种功能。降低用户学习成本和使用难度的关键在于遵循一些通用的设计模式，如简单的导航结构和明确的按钮标签，避免过于复杂的菜单结构，保持按钮和操作的简洁直接。

2. 一致性原则

在 UI/UX 设计中，一致性意味着整个应用程序都要使用相同的设计元素和交互方式。这有助于减少用户的混乱和困惑，提高用户体验。例如，在整个应用程序中使用相同的颜色、字体、样式和布局，采用相同的操作和导航方式。

3. 可访问性原则

在 UI/UX 设计中，设计师应该考虑到所有不同类型用户的需求。例如，方案需要包括视力障碍、听力障碍等残疾人群，以及老年人等的需求。在设计时，要确保屏幕字体的大小、对比度和颜色方案可以适用于不同的用户群体。例如，提供字体大中小的调整选项、支持屏幕阅读器和提供替代文字描述。

4. 品牌特色原则

UI/UX 设计应突显应用程序的个性化和差异化，以提高品牌的识别度和用户的忠诚度。在设计时，设计师的设计需要与企业的品牌形象和价值观保持一致。例如，使用品牌特有的颜色和图标，以传达品牌的理念。

5. 反馈原则

UI/UX 设计应向用户提供清晰、及时的反馈，以帮助他们了解和掌握应用程序的功能和交互方式。例如，当用户单击按钮时，显示动画效果或者声音提示，以确认操作已经被执行；当用户完成任务时，显示一个确认消息或者弹出提示。

6. 可扩展性原则

UI/UX 设计应具备可扩展性，以便在未来添加新功能或信息，同时保持设计简洁、清晰和易用。例如，设计一个灵活的布局结构，以容纳未来可能添加的新元素，或在导航栏中预留空间，以便添加新的功能选项。

7. 用户中心原则

UI/UX 设计应始终关注用户的需求与体验，帮助用户快速找到所需要的信息和功能，提高用户的使用效率和满意度。例如，通过用户调查和测试来了解目标用户的需求和偏好，确保设计符合他们的期望。

8.简单易用原则

UI/UX 设计应该简单、易用、直观，让用户可以快速掌握和使用应用程序的各种功能，从而降低用户的学习成本和使用难度。

综上所述，UI/UX 设计师应该始终注重用户体验和品牌特色，遵循以上原则，设计出简洁、清晰、易用和个性化的设计方案，以满足用户需求和期望，提高应用程序的使用价值和满意度。

7.2 利用 ChatGPT 从 UI/UX 角度分析用户需求

只有 UI/UX 设计师了解和掌握了用户的痛点和期望，才能设计出满足用户需求的产品和界面。在设计开始之前，UI/UX 设计师首先要详细阅读用户需求说明，以便初步了解项目背景、目标用户和用户需求。因为 ChatGPT 的数据分析和理解能力惊人，所以设计师可以接力请 ChatGPT 从用户需求文档中提取出关键的信息，整理成易于理解和操作的格式，以方便设计师快速地了解项目背景、目标用户和用户需求。

假设设计师要设计一款针对健身爱好者的移动应用。项目背景是为用户提供一个方便的健身计划管理和健康数据追踪平台。目标用户是年龄在 18 ～ 45 岁，注重健康和锻炼的初级、中级或高级健身爱好者。设计师可以通过与 ChatGPT 互动，从所提供的用户需求文档中提取出关键性信息并整理成易于理解的形式。以下是互动的具体过程。

项目背景是为用户设计一款针对健身爱好者的移动应用，以提供一个方便的健身计划管理和健康数据追踪平台。目标用户是年龄在 18 ～ 45 岁，注重健康和锻炼的初级、中级或高级健身爱好者。请从 UI/UX 设计的角度出发，对项目需求做一个更深入的解读和分析，为后续做 UI/UX 设计奠定基础。

作为一个针对健身爱好者的移动应用，用户体验应该是你的主要关注点之一。

下面是我对该项目的 UI/UX 设计的深入解读和分析，可以为后续的设计提供一些参考。

1. 用户调研和分析

在设计之前，首先要了解目标用户的需求和习惯。为了达到这个目标，可以通过调查问卷、深度访谈等方式获取更多的信息，以便更好地理解目标用户的期望和需求。通过这些数据，你可以确定应用程序的核心功能和内容，并确保它们与目标用户需求相匹配。

2. 导航和易用性

在设计移动应用时，必须优化应用的导航和易用性，以确保用户可以快速地找到他们需要的信息和功能。要做到这一点，可以设计一个简单而直观的导航菜单，使用户能轻松地浏览应用的各个部分。同时，为用户提供搜索功能，以便他们可以快速找到自己需要的内容。

3. 信息架构

对于健身应用程序，信息的组织和呈现对于用户来说是非常重要的。在设计信息架构时，应该以用户为中心，将信息分成适当的类别和层次结构，以便用户可以轻松地浏览和理解。例如，将健身计划、营养信息、健康数据等分类呈现。

4. 色彩和图像

选择恰当的色彩和图像对于用户体验也非常重要。考虑使用与健身相关的颜色，如绿色或蓝色，以突出应用程序的健康和健身主题。选择高质量的图片或图标，以便用户可以轻松地识别和使用应用程序的各个部分。

5. 交互设计

在设计与用户互动的元素时，应该使这些元素的行为与用户期望保持一致，并确保这些行为具有可预测性。例如，设计一个按钮时，按钮的行为应该与标签一致，并提供反馈，以便用户知道他们是否成功执行了操作。同时，为了使应用程序更加吸引人，应该尝试设计动态的交互元素，如动画和转换效果。

综上所述，一个成功的健身应用程序需要具有良好的 UI/UX 设计。从用户调研和分析、易用性和导航、信息架构、色彩和图像以及交互设计等方面来考虑，可以为你的设计提供参考，使用户得到更好的体验。以下是一些可供参考的 UI/UX 设计提示，以便你在设计过程中更好地实现项目需求：

❑ 简洁而直观的界面设计可以使用户更容易地使用应用程序。

❑ 考虑使用适当的字体和字号，使应用程序的文本易于阅读和理解。

❑ 为用户提供有用的反馈，如动画或弹出窗口，以便他们知道正在进行的是什么操作。

❑ 使用易于理解和标记的图标和按钮，以便用户快速地识别它们。

❑ 在整个应用程序中保持一致的设计风格和主题，以便用户轻松地理解和使用。

❑ 在设计移动应用时，要确保设计能够适应不同的屏幕尺寸和分辨率，以便在各种设备上均能提供一致的体验。

❑ 在应用程序中使用图表和可视化数据，以便用户更轻松地理解和跟踪自己的健康数据。

最后，记得要持续测试和优化你的 UI/UX 设计，以便不断改进用户体验。

在这个项目中，用户的痛点、需求和期望分别是什么？

在这个项目中，针对健身爱好者的移动应用的用户痛点、需求和期望可以归纳如下。

1. 痛点：

缺乏一个方便的健身计划管理和健康数据追踪平台，无法快速、准确地记录自己的健康数据和健身计划进度。同时，一些初级和中级健身爱好者可能会感到困惑和无助，不知道如何制定自己的健身计划和监测自己的健康状况。

2. 需求：

用户需要一个易用的移动应用，帮助管理健身计划、监测健康数据并提供相关建议和指导。此外，用户希望应用提供健身挑战、社区分享等功能，便于与其他健身爱好者互动交流。

3. 期望：

用户期望应用程序可以提供个性化的健身计划、营养指导和健康建议，并根据用户需求和目标进行调整和优化。同时，用户期望应用程序可以提供可视化的健康数据报告和图表，以便更好地理解和跟踪自己的健康状况。用户还期望应用程序可以提供定期的健康挑战和奖励，以鼓励他们坚持健身和保持健康的生活方式。

综上所述，用户痛点、需求和期望都围绕着如何方便地管理健身计划、监测健康数据、获取健康建议和指导以及与其他健身爱好者互动和交流展开。因此，设计师在设计针对健身爱好者的移动应用时，应该专注于提供简便易用、个性化、可视化的功能和内容，以满足用户需求和期望，解决他们的痛点。

从 UI/UX 角度分析一下这些痛点、需求和期望。

好的 UI/UX 设计应该能够解决用户的痛点、满足他们的需求和期望。从 UI/UX 角度出发，以下是对于这些痛点、需求和期望的分析及 UI/UX 解决方案。

1. 痛点：

缺乏一个方便的健身计划管理和健康数据追踪平台，无法快速、准确地记录自己的健康数据和健身计划进度。同时，一些初级和中级健身爱好者可能会感到困惑和无助，不知道如何制定自己的健身计划和监测自己的健康状况。

UI/UX 解决方案：为了解决这些问题，应用程序应该提供一个简单易用的界面，让用户可以轻松地制定和管理自己的健身计划和监测健康数据。为了提高数据的准确性和应用的方便性，可以提供自动记录和导入数据的功能，如 Apple Health 或 Google Fit。此外，应该提供一个定制化的健身计划建议和指导，让用户可以根据自己的目标和需求来制定自己的健身计划。

2. 需求：

用户需要一个方便易用的移动应用，帮助他们管理健身计划、监测健康数据并提供相关的健身建议和指导。此外，用户还希望应用程序可以提供一些健身挑战、社区分享等功能，以便与其他健身爱好者进行互动和交流。

UI/UX 解决方案：应用程序应该提供一个直观、用户友好的界面，方便用户管理健身计划、监测健康数据，并提供相关的健身建议和指导。同时，应用程序应该提供一些社区分享、健身挑战等功能，激励用户坚持健身和保持健康的生活方式。

3. 期望：

用户期望应用程序可以提供个性化的健身计划、营养指导和健康建议，并根据用户需求和目标进行调整和优化。同时，用户期望应用程序可以提供可视化的健康数据报告和图表，以便更好地理解和跟踪自己的健康状况。用户还期望应用程序可以提供定期的健康挑战和奖励，以鼓励他们坚持健身和保持健康的生活方式。

UI/UX 解决方案：应用程序应该提供一个个性化的健身计划、营养指导和健康建议，根据用户需求和目标进行调整和优化。为了帮助用户更好地理解和跟踪自己的健康状况，应该提供可视化的健康数据报告和图表，以及健康趋势分析和个性化的建议。此外，应该提供一个有趣而具有挑战性的健身挑战和奖励系统，以鼓励用户坚持健身和保持健康的生活方式。

总之，好的 UI/UX 设计应该能够为用户提供一个方便、易用、个性化、可视化和有趣的健身管理平台，帮助他们更好地管理健身计划、监测健康数据、获取健康建议和指导，并鼓励他们坚持健身和保持健康的生活方式。

生成代表目标用户的用户画像以帮助设计师在设计过程中关注用户需求。

好的用户画像可以帮助 UI/UX 设计师更好地了解目标用户，更好地设计和开发应用程序。以下是生成代表目标用户群体的用户画像的一些思路：

❑ 年龄在 18 ~ 45 岁，初级、中级或高级健身爱好者。

❑ 他们可能是从事白领工作的人，也可能是学生、自由职业者等。

❑ 他们注重健康和锻炼，可能已经有了一些健身经验和知识。

❑ 他们可能有一些特定的健身目标，如减脂、增肌、塑形等。

❑ 他们希望能够更好地管理自己的健身计划、监测健康数据、获取健康建议和指导。

❑ 他们也希望能够与其他健身爱好者交流和分享健身经验、挑战等。

❑ 他们可能需要一些鼓励和激励，以坚持健身和保持健康的生活方式。

基于以上思路，可以得到如下的用户画像。

名字：李健身。

年龄：29岁。

性别：男性。

职业：从事白领工作。

兴趣爱好：健身、跑步、游泳。

健身目标：减脂和增肌。

健身经验：有一定的健身经验和知识。

健身计划：希望能制定个性化的健身计划，记录和监测自己的健康数据。

健身挑战：希望参加一些有趣和具有挑战性的健身挑战和活动，以激励自己坚持健身。

健康数据：希望能够通过应用程序记录和跟踪自己的健康数据，并获取健康建议和指导。

社交互动：希望能够与其他健身爱好者交流和分享健身经验、挑战等，以及获取来自健身社区的支持和鼓励。

通过以上用户画像，设计师可以更好地了解目标用户需求和期望，并更好地设计和开发应用程序。

概括总结以上讨论的结果，给出最终的UI/UX设计方案建议，其中包括需求、痛点、期望、用户画像、功能需求、信息架构、视觉风格。

根据以上的讨论和分析，以下是最终的UI/UX设计方案建议。

1.需求、痛点和期望

需求：为用户设计一款方便的健身计划管理和健康数据追踪平台。

痛点：用户缺乏一个方便的健身计划管理和健康数据追踪平台，无法快速、准确地记录自己的健康数据和健身计划进度。

期望：用户期望应用程序可以提供个性化的健身计划、营养指导和健康建议，并根据用户需求和目标进行调整和优化。

2. 用户画像

名字：李健身。

年龄：29岁。

性别：男性。

职业：从事白领工作。

兴趣爱好：健身、跑步、游泳。

健身目标：减脂和增肌。

健身经验：有一定的健身经验和知识。

健身计划：希望能制定个性化健身计划，并记录和监测自己的健康数据。

健身挑战：希望参加一些有趣和具有挑战性的健身挑战和活动，以激励自己坚持健身。

健康数据：希望能够通过应用程序记录和跟踪自己的健康数据，并获取健康建议和指导。

社交互动：希望能够与其他健身爱好者交流和分享健身经验、挑战等，以及获取来自健身社区的支持和鼓励。

3. 功能需求

健身计划管理：用户可以创建、编辑和删除自己的健身计划，并设置健身目标、计划周期和健身时间等。

健康数据追踪：用户可以通过应用程序追踪和记录自己的健康数据，如身高、体重、BMI、心率、血压等。

个性化建议和指导：应用程序可以根据用户的健康数据和健身目标，提供个性化的营养建议、训练建议和健康指导等。

健身挑战和社交互动：应用程序可以提供各种健身挑战和活动，让用户可以参与和完成，同时与其他健身爱好者互动和分享经验。

数据可视化和趋势分析：应用程序可以提供图表和可视化的健康数据报告，帮助用户更好地理解和跟踪自己的健康状况和进展。

4. 信息架构

应用程序首页：应该包括用户的健康数据概览、健身计划概览、健身挑战概览等。

健身计划管理：用户可以通过该功能创建、编辑和删除自己的健身计划，并设置健身目标、计划周期和健身时间等。

健康数据追踪：用户可以通过该功能记录和追踪自己的健康数据，如身高、体重、BMI、心率、血压等。

个性化建议和指导：应用程序可以根据用户的健康数据和健身目标，提供个性化的营养建议、训练建议和健康指导等。

健身挑战和社交互动：应用程序可以提供各种健身挑战和活动，让用户可以参与和完成，同时与其他健身爱好者互动和分享经验。

5. 视觉风格

应用程序的配色方案应该以清新、健康为主，同时考虑到不同用户的偏好和文化背景。

应用程序的图标、Logo 和 UI 元素应该简洁、清晰、易于辨识，并体现品牌特色和个性化。

应用程序的界面设计应该符合人机工程学原理，让用户可以轻松、快速地找到需要的功能和信息。

应用程序的字体、排版和动画等设计元素应该符合品牌特色和用户需求，同时不影响用户体验。

应用程序的交互设计应该简洁、自然、直观，让用户可以快速掌握和使用应用程序的各种功能。

综上所述，最终的 UI/UX 设计方案建议注重用户体验和品牌特色，结合用户画像、功能需求和信息架构，提供清晰简洁、现代化和个性化的设计方案，以满足用户需求和期望，提高应用程序的使用价值和用户满意度。

UI/UX 设计师与 ChatGPT 互动，不断地迭代并挖掘出用户的基本需求信息，最终由 ChatGPT 生成用户画像。设计师看到了生动形象的用户，从而生成了用户界面的设计思路。以下是 UI/UX 设计师基于设计思路，在 Midjourney 上生成的界面效果图。

根据以上的信息，Midjourney 设计出如图 7-1 所示的 App 界面。

图 7-1　Midjourney 按 ChatGPT 的方案生成的界面效果图

另外，设计师也可以与 ChatGPT 互动，通过提供项目背景和目标让 ChatGPT 了解更多情况，然后由设计师结合用户画像，想象用户使用应用的场景和效果，向 ChatGPT 提出各种问题，不断地切磋碰撞，直到从创意设计的建议和启发中找到设计灵感，发挥创意，实现独特的视觉效果。

基于以上的信息，请提供一些 UI/UX 设计的建议，我在寻找设计灵感。

以下是一些建议，以帮助你寻找 UI/UX 设计的灵感。

设计风格：选择一种与应用程序主题相符的设计风格。你可以选择扁平化设计、材料设计、极简设计等，参考其他成功的健身应用的设计风格，在此基础上加入自己的创意和特色。

色彩方案：选择一种健康、活力和积极的色彩方案。可以尝试使用绿色、蓝色和橙色等代表健康和活力的颜色。同时，确保文字和背景之间的对比度足够，以便用户能够轻松阅读内容。

图标和插图：使用简洁、直观的图标和插图，以帮助用户更好地理解功能和内容。可以使用自定义的插图，以增强品牌特色和应用程序的个性化。

动画和过渡效果：为按钮、图标等元素添加动画和过渡效果，以提升用户体验。使用轻盈、自然的动画效果，以避免干扰用户。

字体：选择易于阅读的字体，以确保内容清晰可读。同时，可以使用不同的字重和字号，以突出重要信息和层次结构。

布局和间距：为元素提供足够的间距，使界面看起来整洁、舒适。采用流畅、自然的布局，使用户可以轻松地浏览内容。

个性化：提供一定程度的个性化选项，如自定义主题颜色、背景图片等，以满足不同用户的需求和喜好。

空状态设计：为没有内容的页面提供有趣的空状态设计，例如一些插画、提示或引导，以引导用户执行特定操作。

用户引导：在应用程序的首次使用过程中，提供简单明了的引导，帮助用户了解如何使用应用程序的主要功能。

设计灵感来源：查看 Dribbble、Behance、Pinterest 等设计社区网站，以获取更多的设计灵感。同时，关注设计奖项和案例，了解行业趋势和优秀设计实践。

在寻找设计灵感时，建议多参考其他成功的健身应用和相关领域的设计作品，但要避免直接复制或模仿。始终保持创新和独特的视角，将自己的品牌特色和个性融入设计中，以打造出符合用户需求和期望的 UI/UX 设计。

最后，设计师与 ChatGPT 互动，提交设计方案和草图，从而获得关于易用性、布局和视觉效果等方面的反馈。这有助于设计师在设计过程中发现潜在的问题，并在最终产品中加以改进。另外，ChatGPT 还可以帮助设计师编写样式指南和组件文档，以确保设计团队遵循统一的设计标准和最佳实践，提高产品的一致性和易用性。ChatGPT 甚至还可以帮助设计师编写用户测试脚本，收集关于产品或者界面的用户反馈，帮助设计师了解用户在使用产品的过程中所遇到的问题，并针对性地进行优化和改进。虽然 ChatGPT 的主要功能是处理自然语言，但是它仍然可以根据设计要求生成 HTML、CSS 和 JavaScript 代码，让设计师快速构建原型，从而将用户界面的设计转化为实际可用的代码。

7.3 利用 ChatGPT 完成 TMS 界面设计

界面设计是高层设计的一个组成部分。与数据库设计一样，界面设计也要在宏观总体水平上完成设计工作。UI/UX 设计师需要在用户需求分析报告、需求规格说明书、用户画像、架构设计的基础上，深入了解和掌握用户需求情况，只有这样才能设计出满足用户需求的交互界面，带给用户优良的体验。

UI/UX 设计师经过调查发现，TMS 是一款企业内部使用的服务，对用户界面的要求是方便、简单、易用。经过与用户的深入交流后，我们发现潜在的需求是支持多种语言，而且与企业其他平台的风格要保持一致。

UI/UX 设计师为 TMS 设计用户界面。在调查中发现，TMS 为企业内部使用的服务，它的用户界面需方便、简洁且易用。通过深入与用户交流，设计师发现其潜在需求包括支持多语言及保持与企业其他平台风格的一致性。

为满足这些需求，UI/UX 设计师应关注以下方面。
- ❑ 保持简洁易用：设计师需确保应用界面直观且简单，让用户能快速上手并高效使用。
- ❑ 多语言支持：为适应不同地区的用户，设计师需考虑实现多语言支持，使界面易于理解。

❑一致性：保持与企业其他平台风格一致，包括颜色、字体和布局等，从而提高品牌辨识度。

❑可访问性：设计师应确保应用程序易于访问和使用，满足不同用户需求。

❑用户中心：始终关注用户需求，确保应用程序能符合用户在实际使用中的期望。

通过优化这些方面，UI/UX 设计师能够为 TMS 打造出一款易用、简洁且满足用户需求的界面。

谢谢建议！目前，我想把导航条放在暗色的左面，右面留给详细信息展示，这个风格与 ChatGPT 的页面布局相近。左侧导航条可以分成核心功能组和支撑功能组。核心功能组里面有设备管理、参数管理、软件管理和密钥管理四种服务的按钮，每个按钮会在页面的右面展示相应的信息。支撑功能组包括远程支持、通知管理、日志管理和用户管理四个按钮，同核心功能组一样，每个按钮可以在页面的右面展示相应的信息。屏幕的左上角为 Logo，屏幕的右上角是登录和语言选择。

请根据以上的信息，给出用户界面的设计建议。

采用高对比度的颜色方案：在暗色的左侧导航栏上使用亮色图标和文字，以确保内容清晰可见。

层次化导航：在左侧导航栏中，为核心功能组和支撑功能组分别设置一级菜单，方便用户区分。如有需要，可以在一级菜单下添加二级菜单以展示更详细的功能选项。

高亮选中状态：当用户单击某个功能按钮时，应高亮显示选中状态，以便用户了解当前所在的功能页面。

使用简洁明了的图标和文字：为每个功能按钮选择合适的图标，以便用户一目了然。同时，确保图标和文字的大小适中，方便阅读和操作。

适应性布局：确保界面在不同设备和屏幕尺寸上都能良好展示。考虑采用响应式设计，使布局能自动适应屏幕大小变化。

页面右侧的详细信息展示区域：确保内容以清晰、易于阅读的方式呈现。可使用卡片、表格或列表等布局，使信息条理清晰。同时，为用户提供搜索、筛选和排序功能，以便快速查找所需信息。

优化登录和语言选择：在屏幕右上角设置清晰可见的登录按钮，方便用户登录。对于语言选择，可提供下拉菜单，使用户能轻松切换语言。

通过考虑这些建议，您将能够设计出一个易于使用且美观的用户界面。希望这些建议对您的项目有所帮助！

1. 需求

用户界面需方便、简洁且易用。通过深入与用户交流，设计师发现其潜在需求包括支持多语言及保持与企业其他平台风格的一致性。

2. 关注点

保持简洁易用：设计师需确保应用界面直观且简单，让用户能快速上手并高效使用。

多语言支持：为适应不同地区的用户，设计师需考虑实现多语言支持，使界面易于理解。

一致性：保持与企业其他平台风格一致，包括颜色、字体和布局等，从而提高品牌辨识度。

可访问性：设计师应确保应用程序易于访问和使用，满足不同用户需求。

用户中心：始终关注用户需求，确保应用程序能符合用户在实际使用中的期望。

网络页面效果图：https://imgloc.com/i/iceO1P。

请对界面设计的情况做一个分析和评价。

根据提供的网络页面效果图，可以看出设计师在保持简洁易用方面做得不错。

页面布局简洁明了，主要功能和操作清晰可见，用户可以快速找到需要的内容并进行操作。另外，设计师在颜色、字体和布局等方面保持了一致性，增强了品牌辨识度，同时也有利于用户熟悉和使用。

对于多语言支持和可访问性方面，仅从该效果图无法直接判断其是否被充分考虑和实现。如果设计师在此方面也做了充分的准备和实现，那么应用程序将更容易被更广泛的用户群体接受和使用。

最后，设计师在用户中心方面的关注和考虑也值得肯定。设计师应该始终关注用户需求，确保应用程序能够符合用户在实际使用中的期望。

总体而言，从提供的网络页面效果图来看，设计师在保持简洁易用和一致性方面做得不错，但是需要了解更多的信息才能评价其在多语言支持和可访问性方面的实现情况。

UI/UX 设计师在上述需求、建议和原则的帮助和引导下，通过在线的网络工具，把该页面转换为相应的网络应用代码，从而最终完成如图 7-2 所示的前端界面。

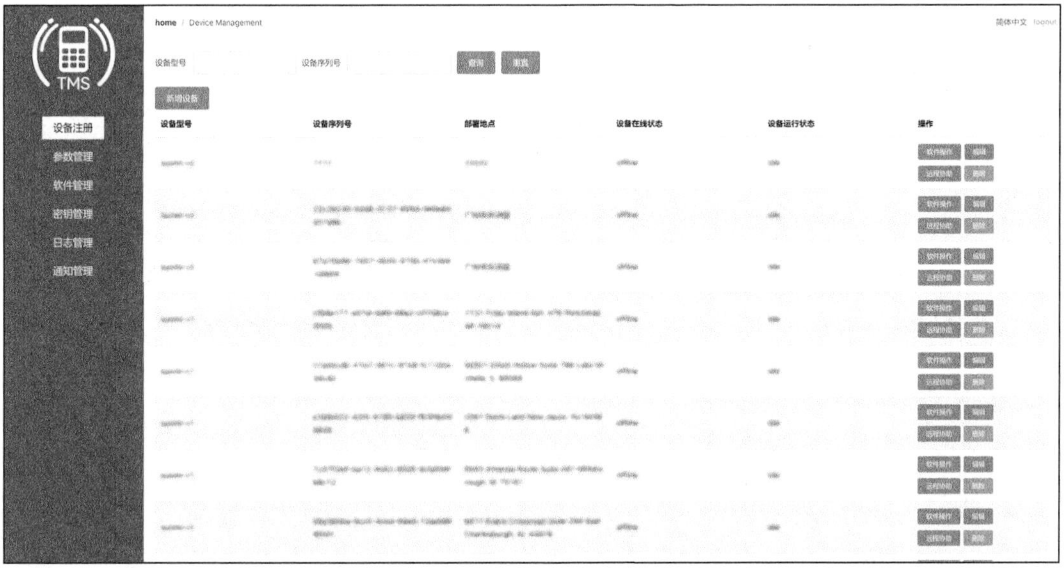

图 7-2　与 ChatGPT 互动生成前端界面

7.4 小结

本章讨论了如何利用 ChatGPT 辅助设计师开发出良好的 UI/UX 设计。遵循 UI/UX 设计原则和最佳实践，将有助于创造出卓越的用户体验。设计师在开始设计前需要详细地阅读用户需求分析报告，并通过与 ChatGPT 的互动，从中提取关键性信息。以一个针对健身爱好者的移动应用为例，设计师与 ChatGPT 互动，了解项目背景、目标用户和需求。在设计 TMS 界面时，UI/UX 设计师应在用户需求分析报告、需求规格说明书、用户画像、架构设计的基础上，深入了解用户需求，以满足用户对方便、简单、易用的界面要求，同时支持多种语言并且保持与企业其他平台风格的一致性。

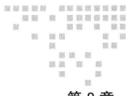

ChatGPT 驱动后端应用开发

后端应用开发在软件开发过程中扮演着至关重要的角色，负责处理业务逻辑、数据处理以及系统集成等核心任务。本章将全面探讨如何充分发挥 ChatGPT 在后端应用开发中的优势和价值。我们将涵盖后端概述、API 基本概念与设计原则、Web API 和数据库 API 的设计与实现，以及安全性和性能优化等方面的探讨。同时，我们还将通过实际案例展示 ChatGPT 在后端开发中的应用，为读者提供灵感和启示，激发开发工程师在实际项目中的创造力，以实现更高效、更智能的后端应用开发。

8.1 后端概述

在软件开发过程中，后端是与前端相互关联的一个重要部分。它们共同构成一个完整的应用程序。后端主要负责业务逻辑、数据处理、与其他系统交互以及服务器和基础设施管理，其主要任务是处理用户请求并为前端提供所需要的数据。下面我们将详细解释后端的基本概念和职责。

❑ **业务逻辑处理**：业务逻辑是软件应用中的核心部分，它包含了实现特定业务目标所需的各种规则和算法。后端开发工程师需要根据需求设计来实现这些规则，以确保程序可以正确地处理各种业务场景。这些业务逻辑可能包括验证用户输入、计算数据、执行任务以及执行其他的业务操作。

❑ **数据处理**：后端负责管理和处理应用程序中的各种数据。这部分通常包括与数据库的交互，例如创建、读取、更新和删除数据（CRUD 操作）。此外，后端可能还需要对数据进行验证、清洗、转换和聚合等更高级的操作，以确保数据的准确性、一致性和方便性。

❑ **与其他系统交互**：现代软件应用通常需要与其他系统（例如第三方服务或内部其他系统）进行交互。后端开发工程师需要处理这些不同系统之间的通信，通常采用 API（应用程序接口）来实现数据的传输和交换。此外，后端还需要处理各种网络协议、数据格式和安全性问题，以确保系统间交互的顺畅和安全。

❑ **服务器和基础设施管理**：后端开发工程师还需要关注服务器和基础设施管理。这包括选择合适的服务器、网络和存储资源，以及配置和维护这些资源以确保应用程序的高可用性、可扩展性和安全性。此外，后端开发工程师还需要监控应用系统的性能，诊断和解决可能出现的各种潜在问题。

在后端应用开发过程中，后端开发工程师需要具备一定的技能和知识，例如熟悉诸如 Java、Python、Go 等一种或多种高级编程语言，掌握类似 Oracle、MySQL 或 MongoDB 等数据库技术，了解像 HTTP、REST、JSON、XML 等这些常用的网络协议和数据格式，熟悉如云计算、容器化和虚拟化等服务器和基础设施的管理。

总之，后端是软件开发中至关重要的一环，它承担着业务逻辑处理、数据处理、与其他系统交互、服务器和基础设施管理等关键职责。通过深入了解后端的基本概念和职责，可以更好地理解后端在整个软件开发过程中的作用和重要性。后端作为应用程序的核心，为前端提供数据和支持，确保整个系统的可靠和快捷。为了实现高质量的后端开发，后端开发工程师需要具备一定的技能和知识，而且需要不断地学习和掌握新的技术及工具。

在 ChatGPT 驱动的后端应用开发中，开发工程师可以充分利用其智能化的优势来提高开发的效率和质量。例如，在数据库设计和 API 设计阶段，ChatGPT 可以协助数据库管理员和架构师完成相关的后端设计工作，为设计提供有价值的建议和方案。在实现 Web API 和数据库 API 时，ChatGPT 可以帮助开发工程师分析可能会遇到的挑战，提供解决方案，以及选择合适的 API 框架和技术栈。此外，ChatGPT 还可以在安全性和性能优化方面提供支持，帮助开发工程师分析和解决潜在的问题。

通过在后端应用开发中利用 ChatGPT，可以实现更高效、更智能的开发过程，缩短开发周期，提高项目的成功率。随着技术的不断进步和发展，我们有充分的理由相信，在未来的后端开发过程中，人工智能技术将得到越来越广泛的应用，这将为软件开发带来更多的创新和可能性。

8.2 API 基本概念

应用程序接口（API）是一种规定应用程序如何互相通信和交换数据的接口。API 包括 Web API、数据库 API 和硬件 API 等。它们提供了一套标准化的方法，使不同的系统能够轻松地协同工作和共享数据。以下是对 API 基本概念的详细讨论。

- Web API：一种在网络环境中，通过 HTTP 协议进行数据交换和通信的 API。它允许不同的应用程序和服务在互联网上相互沟通。例如，一个移动应用可以使用 Web API 从服务器获取实时天气数据。Web API 通常遵循 RESTful（表述性状态转移）或 GraphQL 设计原则，使得客户端和服务器端可以方便地进行通信。
- 数据库 API：一种允许应用程序与数据库进行通信的接口。它为开发工程师提供了一套标准化的方法来查询、插入、更新和删除数据。数据库 API 通常包括 SQL（结构化查询语言）查询和其他数据库操作命令。通过数据库 API，应用程序可以直接与数据库交互，获取和操作所需的数据。
- 硬件 API：一种允许应用程序与硬件设备进行通信的接口。硬件 API 为开发工程师提供了一套统一的方法来访问和控制硬件设备，例如打印机、扫描仪、摄像头、传感器等，使得应用程序可以更轻松地集成各种硬件设备，提供更丰富的功能和用户体验。
- API 安全：API 安全是在 API 设计和开发过程中的关键考虑因素。开发工程师需要确保 API 在数据传输、身份验证和使用授权等方面都得到充分的保障。这可以通过使用加密通信（如 HTTPS）、令牌认证（如 OAuth 2.0）等技术来实现。

总之，API 是软件开发过程中至关重要的一环。了解 API 的基本概念有助于开发工程师更好地理解如何设计和实现高质量的 API，以满足各种应用场景的需求。在后续的 API 开发过程中，ChatGPT 可以协助开发工程师从设计到实施，完成更高效、更智能的 API 开发。

8.3 API 设计原则

为了确保 API 的可用性、可扩展性和可维护性，架构师和后端开发工程师在设计和实现 API 的时候，必须要遵循一系列的规范和最佳实践，也就是所谓的 API 设计原则。以下是一些关键的 API 设计原则。

1. 资源定位

将 API 设计为面向资源，即将 API 映射到具体的资源实体，例如用户、订单等。使用统一的资源标识符（Uniform Resource Identifier，URI）来定位资源，并使用简洁和明确的路径。避免在 URI 中使用动词，而应使用名词来表示资源。例如，设计一个电商网站的 API，可以将商品设计为资源实体，每个商品都对应一个唯一的标识符，这样就可以用如下的 URI 来定位商品资源。

```
GET /products/1234
```

上述 URI 表示要获取 ID 为 1234 的商品信息。其中 products（商品）为资源类型，1234 为资源的标识符。采用这种 URI 的设计方式可以让 API 的结构更加清晰、易于理解和维护。同时，使用名词来表示资源，也让客户端更容易理解 API 的功能和语义。

2. 请求方法

遵循 HTTP 标准方法（GET、POST、PUT、DELETE 等）来表示不同的操作，这样可以使 API 更符合网络协议的规范，提高可读性和可维护性。

❑ GET：用于检索资源。

❑ POST：用于创建新资源。

❑ PUT：用于更新现有资源。

❑ DELETE：用于删除资源。

举个例子，如果要创建一个新的商品实体，可以调用 POST 方法来提交数据：

```
POST /products
{
  "name": "iPhone 13",
  "price": 999
}
```

这个请求表示要创建一个名为 iPhone 13 的新商品，其价格为 999 美元。

3. 响应状态

用 HTTP 状态码表示响应状态，使客户端可以根据状态码了解请求的处理结果。举例如下。

❏ 200 OK：表示请求成功。

❏ 201 Created：表示资源创建成功。

❏ 400 Bad Request：表示客户端请求格式错误。

❏ 401 Unauthorized：表示请求需要身份验证。

❏ 404 Not Found：表示请求的资源不存在。

❏ 500 Internal Server Error：表示服务器处理请求时出现错误。

举个例子，我们要获取 ID 为 1234 的商品信息，如果服务器成功处理了请求，则可以返回 200 OK 状态码：

```
GET /products/1234

HTTP/1.1 200 OK
{
  "id": 1234,
  "name": "iPhone 13",
  "price": 999
}
```

这个响应用 200 OK 状态码来表示请求成功，同时返回了商品信息。

4. 分页、过滤和排序

为 API 提供分页、过滤和排序功能，以便客户端能够灵活地获取所需数据。这可以通过查询参数实现，例如，?page=2&limit=10 表示获取第 2 页的 10 条数据。

下面是一些常见的查询参数。

❏ page：表示要获取的页码数。

❏ limit：表示每页要获取的数据条数。

❑ sort：表示要按照哪个字段排序，可以指定升序或降序。

❑ filter：表示要筛选哪些数据，可以用各种操作符进行筛选。

举个例子，如果我们要获取所有价格大于500美元的商品，并按照价格降序排列，我们可以使用如下的查询参数：

```
GET /products?price_gt=500&sort=-price
```

该请求用price_gt=500作为查询参数，筛选价格大于500美元的商品，用sort=-price作为参数来对价格按照降序进行排列。

5. 版本控制

为API引入版本控制机制，确保在对API进行修改时，不影响现有客户端的正常使用。版本控制可以通过URI路径（例如/v1/users）或者请求头（例如，Accept: application/vnd.example.v1+json）实现。

假设有一个名为"用户"的API，它允许客户端创建、更新、删除和获取用户信息。我们可以使用URI路径方式来引入版本控制机制，如下所示。

❑ 版本1：/v1/users

❑ 版本2：/v2/users

当对API进行修改时，可以将修改后的API部署在新的版本路径下，这样就不会影响现有客户端的正常使用。如果客户端想要使用新的API版本，只需要将URI路径中的版本号更新为最新的版本号即可。

此外，还可以使用请求头的方式来引入版本控制机制，如下所示。

❑ 版本1：Accept: application/vnd.example.v1+json

❑ 版本2：Accept: application/vnd.example.v2+json

在这种情况下，客户端必须在请求头中指定它们想要使用的API版本号。这种方式更加灵活，因为客户端可以在不改变URI路径的情况下使用不同的API版本。

6. HATEOAS

HATEOAS（Hypermedia As The Engine Of Application State）是RESTful架构中的一个重要概念，它强调在Web应用程序中使用超媒体驱动应用状态的方法。简单来说，HATEOAS是一种通过超链接关联资源状态的方式，这些链接指向相关资源或操

作。客户端可以通过这些链接发现和执行相关操作，而不必预先了解整个系统的结构
和设计。这样的设计让客户端能够更加灵活地与服务器进行交互。简单地说就是，在
API 响应中包含相关资源的链接，以便客户端可以轻松地导航到其他资源。这种设计
使 API 更具可扩展性和可维护性。

假设有一个名为"图书"的 API，它允许客户端获取、创建和更新图书信息。如
果采用 HATEOAS 的方式设计该 API，那么在响应中将包含与其他相关资源的链接，
以便客户端可以轻松地导航到其他资源。例如，当客户端请求获取所有图书信息时，
API 返回的响应可以如下所示：

```
HTTP/1.1 200 OK
Content-Type: application/json
{
  "books": [
    {
      "id": 1,
      "title": "The Hitchhiker's Guide to the Galaxy",
      "author": "Douglas Adams",
      "links": [
        {
          "rel": "self",
          "href": "/books/1"
        },
        {
          "rel": "author",
          "href": "/authors/1"
        }
      ]
    },
    {
      "id": 2,
      "title": "The Lord of the Rings",
      "author": "J.R.R. Tolkien",
      "links": [
        {
          "rel": "self",
          "href": "/books/2"
        },
        {
          "rel": "author",
          "href": "/authors/2"
        }
      ]
```

```
    }
  ],
  "links": [
    {
      "rel": "self",
      "href": "/books"
    },
    {
      "rel": "create",
      "href": "/books",
      "method": "POST",
      "title": "Create Book"
    }
  ]
}
```

在这个例子中，每个图书对象都包含一个 links 数组，其中包含了指向相关资源的链接。例如，链接 /authors/1 指向与该书的作者相关的资源。此外，响应中还包含一个 links 数组，其中包含与当前资源相关的链接。例如，链接 /books 指向该资源集合的 URI，并且该链接使用 POST 方法，以便客户端可以创建新的图书资源。通过在 API 响应中包含相关资源的链接，客户端可以轻松地发现和访问其他资源，从而提高了 API 的可扩展性和可维护性。

7. 安全性

保证 API 的安全性，使用适当的身份验证和授权机制，例如 OAuth 2.0、JWT 等，确保敏感数据的传输和存储安全。假设我们正在开发一个电子商务网站的 API，其中包括用户管理和订单管理功能。下面是一些可以采取的措施，以确保 API 的安全性。

- ❑ 身份验证：可以使用 OAuth 2.0 或 JWT 等身份验证机制来确保只有经过身份验证的用户才能访问 API。例如，用户必须提供正确的用户名和密码才能获取访问令牌，然后使用访问令牌访问 API。
- ❑ 授权：可以使用角色或权限等授权机制来限制用户对 API 的访问权限。例如，只有经过授权的用户才能执行敏感操作，例如创建、更新或删除订单。
- ❑ 数据传输安全：可以使用 HTTPS 协议来确保数据传输安全。例如，当用户提交敏感数据时，可以使用 HTTPS 加密数据传输，以确保数据在传输过程中不被窃取或篡改。

❑ 数据存储安全：可以使用安全的存储方式来存储敏感数据。例如，可以通过加密来保护存储在数据库中的用户密码，以确保即使数据库被攻击，攻击者也无法读取敏感数据。

综上所述，通过使用适当的身份验证和授权机制，确保数据传输和存储安全，并防止恶意攻击，可以保护电子商务网站 API 的安全性。

8. 文档和示例

为 API 提供详细的文档和示例，方便开发人员了解 API 的使用方法和约束。文档应包括资源定义、请求参数、响应结构等信息。可使用 Swagger、Apiary 等工具生成和维护 API 文档。

遵循这些原则和最佳实践可以使 API 易于理解、易于使用，并具有良好的可扩展性和可维护性，从而提高整体开发效率和系统稳定性。在实际的开发应用过程中，可以根据项目需求和特点适当地应用这些原则。以下是一些建议，可以帮助开发人员在实际项目中更好地应用这些 API 设计原则。

❑ **一致性**：在整个 API 中保持一致的命名和风格。例如，对于资源名和参数名，可以使用下划线或者驼峰式命名，但需要在所有接口中保持一致。

❑ **易用性**：关注 API 的易用性，尽量减少开发人员的学习成本。例如，可以通过提供详细的错误信息和友好的提示，帮助开发人员更快地理解和解决问题。

❑ **透明性**：提供 API 的使用限制和配额信息，使客户端了解 API 的使用条件。例如，可以通过文档或响应头公布每个用户的请求限制和剩余请求次数。

❑ **可扩展性**：设计 API 时，需要考虑到未来的需求变化和功能扩展。尽量使 API 能够容易地适应新的需求，而不需要进行大量的修改。

❑ **测试和监控**：对 API 进行充分的测试，确保其稳定性和性能。同时，对 API 的使用情况进行监控，以便及时发现并修复潜在的问题。

❑ **反馈机制**：为 API 用户提供反馈渠道，及时收集用户需求和问题。通过持续改进 API，提高用户满意度和使用体验。

总之，遵循 API 的设计原则和最佳实践，可以帮助后端开发工程师创建高质量、易使用和可维护的 API。在实际项目中，开发者应根据具体需求灵活应用这些原则，以实现更好的系统协同和开发效率。

8.4 ChatGPT 助力 Web API 开发

本节将深入探讨如何利用 ChatGPT 助力 Web API 开发，以提高后端开发的效率和质量。Web API 开发是互联网应用软件开发过程中的关键环节，涉及不同系统之间的通信与数据交换。后端开发工程师如果能充分利用 ChatGPT 的能力，就可以在 Web API 设计、实现和测试的各个阶段获得强有力的支持。

在 Web API 开发的过程中，后端开发工程师可以与 ChatGPT 紧密协作，提供从设计到实现的全方位支持。以下是在 Web API 的开发过程中充分发挥 ChatGPT 作用的几个关键步骤。

（1）**需求分析**：在 Web API 设计阶段，ChatGPT 可以协助开发工程师根据产品经理和架构师的报告与宏观设计进一步分析需求，明确功能和性能指标。通过与 ChatGPT 的互动迭代，开发工程师可以更准确地把握项目需求，确保 Web API 设计符合项目目标。

（2）**设计规范与最佳实践**：在设计过程中，ChatGPT 可以提供有关 RESTful、GraphQL 等设计规范的知识，帮助开发工程师遵循最佳实践。此外，ChatGPT 还可以提供一些建议和策略，以实现高可用、可扩展和高性能的 Web API。通过与 ChatGPT 的协作，开发工程师可以设计出更满足需求且更好维护的 Web API。

（3）**代码生成与示例**：ChatGPT 可以根据设计文档的要求，自动生成 Web API 的核心代码，为开发工程师提供参考。同时，ChatGPT 还可以提供各种编程语言和框架的代码示例，帮助开发工程师快速熟悉和掌握相关的技能。

（4）**测试与调优**：在 Web API 开发过程中，测试和性能调优至关重要。ChatGPT 可以帮助开发工程师编写测试用例，确保 Web API 功能完整和稳定。此外，ChatGPT 还可以为开发工程师提供性能调优建议，以提高 Web API 的响应速度和承载能力。

（5）**集成与部署**：ChatGPT 可以协助开发工程师把 Web API 与其他系统和服务集成起来，确保 Web API 在实际环境中能够正常工作。此外，ChatGPT 还可以为开发工程师提供部署方案和技术支持，确保 Web API 的稳定运行。下面我们将通过一个实际的案例来说明如何在 Web API 开发过程中利用 ChatGPT 助力后端开发。

有一个项目团队正在构建一个互联网电商应用，该应用需要一个后端 API 来支持商品管理、订单处理和用户认证等功能。在这个场景中，开发团队可以通过以下方式利用 ChatGPT 来提高 Web API 开发的效率和质量。

（1）需求分析：团队与 ChatGPT 进行交流以明确项目的需求。例如，团队可以向 ChatGPT 询问有关电商平台通常需要的 Web API 功能，以便梳理出完整的需求列表。

（2）设计规范与最佳实践：在设计 Web API 的时候，团队可以请教 ChatGPT 有关 RESTful 和 GraphQL 的优缺点，以选择合适的设计规范。同时，项目团队还可以向 ChatGPT 咨询有关分页、过滤和排序等功能的最佳实践，以提高 Web API 的易用性和性能。

（3）代码生成与示例：后端开发工程师可以根据架构设计文档，请 ChatGPT 协助生成 Web API 的核心代码。例如，请求和引导 ChatGPT 为团队提供一个用于处理商品信息的 RESTful API 的示例代码，包括路由、控制器和数据模型等部分。这将有助于电商零起点的团队快速提高经验水平，并开发出高质量的 Web API。

（4）测试与调优：团队可以利用 ChatGPT 的强大文本生成能力编写测试用例，确保 Web API 的功能完整和稳定。例如，团队可以要求 ChatGPT 生成一组针对商品管理 Web API 的测试用例，包括覆盖创建、更新、删除和查询等操作。此外，团队还可以向 ChatGPT 咨询性能调优建议，以提高 Web API 的响应速度和承载能力。

（5）集成与部署：在 Web API 开发完成后，团队可以与 ChatGPT 协作，将 Web API 与其他系统和服务进行集成。例如，团队可以请教 ChatGPT 如何将 Web API 与支付网关、物流服务和第三方用户认证服务进行集成。同时，团队还可以向 ChatGPT 咨询部署方案和技术支持，以确保 Web API 的稳定运行。

通过这个案例我们可以看到 ChatGPT 在 Web API 开发过程中的具体应用。从需求分析、设计、实现、测试到部署，ChatGPT 都能为开发团队提供全方位的支持，帮助团队更高效、更智能地完成 Web API 开发。

8.5　ChatGPT 助力数据库 API 开发

本节将深入探讨如何利用 ChatGPT 助力数据库 API 的开发，以提高开发的效率和质量。数据库 API 开发是软件开发过程中的关键环节，涉及数据存储和检索等内容。后端开发工程师如果能充分利用 ChatGPT 的能力，就可以在数据库 API 设计、实现和测试的各个阶段获得强有力的支持。

以下是一个具体的案例，用于说明如何在数据库 API 开发过程中利用 ChatGPT 助力后端开发。假设一个项目团队正在构建一个企业管理系统，需要开发一个数据库 API 来支持员工信息管理、部门管理和薪资管理等功能。在这个场景中，开发团队可以通过以下方式利用 ChatGPT 来提高数据库 API 开发的效率和质量。

（1）**需求分析**：团队首先与 ChatGPT 进行交流，讨论项目需求。例如，团队可以询问 ChatGPT 有关企业管理系统通常需要的数据库 API 功能点，以便梳理出完整的需求列表。

（2）**设计规范与最佳实践**：在设计数据库 API 时，团队可以请教 ChatGPT 不同类型的数据库（如关系型数据库、NoSQL 数据库）的优缺点，以选择合适的数据库。同时，团队还可以向 ChatGPT 咨询有关数据模型设计、索引策略和查询优化等方面的最佳实践，以提高数据库 API 的性能。

（3）**代码生成与示例**：根据用户需求、架构设计和高层设计的文档，ChatGPT 可以为后端开发工程师生成数据库 API 的核心代码。例如，ChatGPT 可以为团队提供一个用于处理员工信息的数据库 API 的示例代码，包括数据模型定义、CRUD 操作和复杂查询等部分。这将帮助团队快速开始编写数据库 API，并确保代码的质量。

（4）**测试与调优**：后端开发工程师可以利用 ChatGPT 的文本生成能力编写测试用例，确保数据库 API 的功能完整和稳定。例如，团队可以要求 ChatGPT 生成一组针对员工信息管理数据库 API 的测试用例，覆盖创建、更新、删除和查询等操作。此外，后端开发工程师还可以向 ChatGPT 咨询性能调优建议，以提高数据库 API 的响应速度和承载能力。

（5）**集成与部署**：在数据库 API 开发完成后，后端开发工程师可以与 ChatGPT 协作，将数据库 API 和其他系统与服务进行集成。例如，后端开发工程师可以请教 ChatGPT 如何将数据库 API 与 Web API、消息队列和数据分析平台等服务进行集成。同时，团队还可以向 ChatGPT 咨询部署方案和技术支持，以确保数据库 API 的稳定运行。

通过这个案例我们可以看到 ChatGPT 在数据库 API 开发过程中的具体应用。从需求分析、设计、实现、测试到部署，ChatGPT 都能为后端开发工程师提供全方位的专业支持，帮助团队更高效、更智能地完成数据库 API 开发。

8.6　ChatGPT 生成 TMS 后端代码

前面几章已经确定了 TMS 的高层设计方案，其中涉及设备管理服务、参数管理服务、软件管理服务和密钥管理服务的接口设计。本节将继续完成 TMS 各个服务模块的后端的接口设计。根据技术栈的选择，后端开发工程师将采用 Go 以及 Gin 框架所提供的 RESTful API 服务来实现这些服务接口。作为数据存储，MySQL 将使用 nats 消息队列来实现服务间的异步通信和解耦。以下是在高层设计中对各个接口做出设计的过程。

首先，根据 TMS 高层设计方案确定接口需求和设计目标，明确用户希望实现的接口的类型和功能。本章的 TMS 将主要实现 Web API 接口，前面对 TMS 相关服务接口功能的定义已经可以清晰地描述用户需求，并且能实现高层设计中提出的目标。

其次，由宏观到微观逐步定义问题并且分解任务。为了让 ChatGPT 帮助实现希望中的设计接口，开发工程师需要将设计任务逐渐分解为一系列的问题或任务。例如，可以将任务分解为"设计 API 接口的结构"或者"设计 GUI 的布局"等 ChatGPT 可以清楚理解并且具有操作性的子任务。

再次，让 ChatGPT 生成更加贴近用户需求的接口设计。这就需要工程师在与 ChatGPT 交互时，通过多次迭代提问来获得满意的设计效果。在每次问答迭代中，对 ChatGPT 的建议进行反馈，以便逐步优化设计方案。

最后，在得到满意的接口设计后，后端开发工程师需要根据用户需求和设计目标对其进行验证和测试，确保设计的接口符合用户在功能、性能、可用性和安全性等方面的需要。如果发现问题或者不足，可以继续与 ChatGPT 进行交互，寻求优化和改进的方案。以下是利用 ChatGPT 为 TMS 开发生成的更详细的接口设计。

1. 系统概述

用户需求：

某支付公司计划开发 TMS，用以管理部署在各地的 POS 机。主要目的是更好地开展信用卡收单业务，有效管理大量为商户配置的 POS 机。

系统目标：

对部署在各地的 POS 机进行有效的管理和维护，提高信用卡收单业务的效率和安全性。

系统功能：

❑ 核心功能：软件管理、密钥管理、设备管理、参数管理。

❑ 支撑功能：远程支持、日志管理、通知管理、用户管理。

2. 架构风格：微服务架构

请针对设备管理服务的接口，进行更详细的设计，考虑接口结构、输入参数、输出结果、数据源、数据处理逻辑。

数据库设计：

基于 MySQL 的 TMS 数据库 Schema 名称为 TMSDB，以下为 TMSDB 的表结构。

设备表（devices）：

设备 ID（id）

设备序列号（serial_number）

设备状态（status）

设备型号（model）

设备位置（location）

所属商户 ID（merchant_id）

创建时间（created_at）

更新时间（updated_at）

商户表（merchants）：

商户 ID（id）

商户名称（name）

商户联系人（contact_name）

商户联系电话（contact_phone）

商户地址（address）

创建时间（created_at）

更新时间（updated_at）

参数表（parameters）：

参数 ID（id）

设备 ID（device_id）

参数名称（name）

参数描述（description）

参数类型（type）

取值范围（value_range）

创建时间（created_at）

更新时间（updated_at）

软件版本表（versions）：

版本 ID（id）

软件名称（name）

软件版本号（version）

软件描述（description）

发布时间（release_time）

软件更新表（upgrading_tasks）：

任务 ID（id）

设备 ID（device_id）

版本 ID（version_id）

升级时间（upgrade_time）

任务状态（status，包括创建、进行中、成功、失败）

创建时间（created_at）

更新时间（updated_at）

密钥表（keys）：

密钥 ID（id）

设备 ID（device_id）

密钥类型（key_type）

密钥值（key_value）

密钥状态（key_status）

创建时间（created_at）

更新时间（updated_at）

模块名称	模块描述
设备管理	设备信息查询、设备状态监控、设备远程操作等功能
参数管理	参数设置、参数更新、参数查询等功能
软件管理	软件版本控制、软件更新、软件安装和卸载等功能
密钥管理	密钥生成、密钥更新、密钥分发、密钥注销等功能
远程支持	远程连接 POS 机、远程维护等功能
日志管理	POS 机的运行日志记录、日志查询等功能
通知管理	系统更新通知、设备维护通知、操作提示等功能
用户管理	用户注册、登录、权限分配、信息查询和修改等功能

3. 模块划分

模块的命名规范与缩写

模块名称	英文缩写	英文全称
设备管理	DM	Device Management Module
参数管理	PM	Parameter Management Module
软件管理	SM	Software Management Module
密钥管理	KM	Key Management Module
远程支持	RM	Remote Support Module
日志管理	LM	Log Management Module
通知管理	NM	Notification Management Module
用户管理	UM	User Management Module

4. 各个功能模块的接口定义（这里以设备管理模块举例）

设备管理（Device_Management）

操作名称：

查询设备信息（DM_GetDeviceInfo）

监控设备状态（DM_MonitorDeviceStatus）

远程操作设备（DM_RemoteDeviceOperation）

添加设备（DM_AddDevice）

删除设备（DM_RemoveDevice）

设备管理模块接口定义（Device_Management）：

查询设备信息（DM_GetDeviceInfo）

输入参数	输出参数	处理逻辑
设备 ID	设备信息（包括设备状态、型号、位置等）	根据设备 ID 查找设备信息，返回相关设备信息

监控设备状态（DM_MonitorDeviceStatus）

输入参数	输出参数	处理逻辑
设备 ID	设备状态	根据设备 ID 获取设备状态，返回设备当前状态

远程操作设备（DM_RemoteDeviceOperation）

输入参数	输出参数	处理逻辑
设备 ID，远程操作指令	操作结果（成功或失败）	根据设备 ID 和远程操作指令，对设备进行远程操作，返回操作结果

添加设备（DM_AddDevice）

输入参数	输出参数	处理逻辑
设备信息（包括设备 ID、型号、位置等）	操作结果（成功或失败）	根据输入的设备信息，将新设备添加到系统中，返回操作结果

删除设备（DM_RemoveDevice）

输入参数	输出参数	处理逻辑
设备 ID	操作结果（成功或失败）	根据设备 ID，从系统中移除设备，返回操作结果

为了更好地生成设备管理模块的代码，请根据上述信息，首先生成文件和目录结构，然后再提供整个设备管理模块的代码说明。这个目录结构将 TMS 的四个核心模块组织在一个项目中，允许模块之间共享公共代码，同时保持模块的独立性。在实际项目中，根据实际需求和业务逻辑的复杂性，可能需要调整目录结构以适应项目的发展。

TMS 核心模块的代码及目录结构如下：

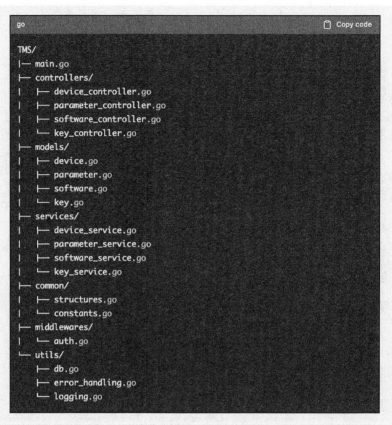

```go
TMS/
|── main.go
├── controllers/
|    ├── device_controller.go
|    ├── parameter_controller.go
|    ├── software_controller.go
|    └── key_controller.go
├── models/
|    ├── device.go
|    ├── parameter.go
|    ├── software.go
|    └── key.go
├── services/
|    ├── device_service.go
|    ├── parameter_service.go
|    ├── software_service.go
|    └── key_service.go
├── common/
|    ├── structures.go
|    └── constants.go
├── middlewares/
|    └── auth.go
└── utils/
     ├── db.go
     ├── error_handling.go
     └── logging.go
```

文件和目录结构说明：

❑ main.go：项目入口文件，负责初始化路由、注册所有核心模块的接口，启动应用。

❑ controllers/：包含各个模块的控制器，处理请求和返回数据的相关函数。

❑ models/：包含各个模块的数据模型，包括结构体定义和数据库操作函数。

❑ services/：包含各个模块的业务逻辑实现，以实现解耦和复用。

❑ common/：包含公共数据结构和常量，避免在每个模块中重复相同的代码。

❑ middlewares/：包含认证和授权相关的中间件。

❑ utils/：包含数据库连接、错误处理和日志记录等公共工具函数。

这个目录结构将 TMS 的四个核心模块组织在一个项目中，允许模块之间共享公共代码，同时保持模块的独立性。在实际项目中，根据实际需求和业务逻辑的复杂性，你可能需要调整目录结构以适应项目的发展。

请生成设备管理模块的入口文件 main.go。

main.go 作为项目入口文件，它在 TMS 项目中是共享的。main.go 负责初始化整个应用，包括注册路由、设置中间件、加载配置文件等。在 main.go 中，你可以将四个核心模块的相关接口注册到路由上，这样这些接口就可以通过 HTTP 请求进行访问了。

在 main.go 中，你可以将四个模块的路由分在一起，这样可以更好地组织和管理路由。以下是一个 main.go 文件示例，展示了如何注册四个模块的路由。

在这个示例中，我们按照您提供的接口设计为每个模块创建了一个路由分组。接下来，您需要实现各个模块的控制器方法（例如：controllers.DM_GetDeviceInfo、controllers.PM_SetParameter 等），并确保它们已经导入 main.go 文件中。最后，应用将监听在 8080 端口上。

以下是生成的部分代码示例。由于篇幅限制，我们仅展示代码开头部分。

```go
// main.go
package main
import (
  "github.com/gin-gonic/gin"
  "github.com/your_project_name/controllers"
)
func main() {
  router := gin.Default()
......
  router.Run(":8080")
}
```

请生成设备管理模块控制器方法的代码 controllers/device_management.go。

```go
// controllers/device_management.go
```

```
package controllers
import (
...
  })
}
```

请生成参数管理模块控制器方法的代码 controllers/parameter_management.go。

```
// controllers/parameter_management.go
package controllers
import (
...
  })
}
```

请生成软件管理模块控制器方法的代码 controllers/software_management.go。

```
// controllers/software_management.go
package controllers
import (
...
})
}
```

请生成密钥管理模块控制器方法的代码 controllers/key_management.go。

```
// controllers/key_management.go
package controllers
import (
...
  })
}
```

❓

通过以下提问，迭代四次分别生成 TMS 核心模块的数据模型代码。

请生成密钥管理模块的数据模型 models/key.go 的代码；

请生成设备管理模块的数据模型 models/device.go 的代码；

请生成参数管理模块的数据模型 models/parameter.go 的代码；

请生成软件管理模块的数据模型 models/software.go 的代码。

限于篇幅，这里省略了生成内容，请感兴趣的读者自行尝试。

综上所述，通过完成以下任务，ChatGPT 生成了 TMS 核心功能的代码。因为篇幅原因，这里只展示了部分片段。

❑ 确定了后端技术栈，包括编程语言（Go）、Web 框架（Gin HTTP Web）、HTTP 库（net/http）等。

❑ 确定了前端技术栈，包括前端框架（Vue 3）、PC 端 UI 组件库（Ant Design Vue / Element Plus）、移动端 UI 组件库（Vant）、状态管理（Pinia）、路由管理（Vue Router）等。

❑ 创建了 TMS 的设备管理和参数管理模块的文件和目录结构。

❑ 编写了 TMS 四个核心模块（设备管理、参数管理、软件管理和密钥管理）的 main.go 代码。

❑ 为四个核心模块分别生成了控制器方法。

- 设备管理：controllers/device_management.go。
- 参数管理：controllers/parameter_management.go。
- 软件管理：controllers/software_management.go。
- 密钥管理：controllers/key_management.go。

❑ 为四个核心模块分别生成了数据模型代码。

- 设备管理：models/device.go。
- 参数管理：models/parameter.go。
- 软件管理：models/software.go。
- 密钥管理：models/key.go。

- 数据库为基于 MySQL 的 TMSDB。

❑ 分别生成了四个核心模块的服务层代码。

- 设备管理：device_service.go。

- 参数管理：parameter_service.go。

- 软件管理：software_service.go。

- 密钥管理：key_service.go。

❑ 编写了数据库连接和配置相关的工具函数（utils/db.go）。

❑ 编写了错误处理和日志记录等公共工具函数（utils/error_handling.go）。

❑ 编写了包含认证和授权相关的中间件（middlewares/auth.go）。

❑ 生成了包含公共数据结构和常量的文件（common/constants.go 和 common/structures.go）。

通过这个互动过程，我们逐步生成了 TMS 核心功能的代码。这为进一步开发和完善项目奠定了基础。需要注意的是，这里提供的代码仅作为示例，你需要根据实际需求和项目要求进行调整。与 ChatGPT 互动生成代码的过程可以总结和抽象为以下几个步骤。

（1）**明确需求和目标**：与 ChatGPT 交流项目的需求和目标，包括技术栈选择、功能模块划分等。这有助于 ChatGPT 更好地理解项目需求，从而提供针对性的建议。

（2）**生成文件和目录**：根据项目需求，让 ChatGPT 生成项目文件和目录结构。这有助于梳理项目结构，确保代码结构和组织合理且易于维护。

（3）**生成代码**：与 ChatGPT 互动，逐步生成各个模块的代码，包括控制器、数据模型、服务层、工具函数等。在此过程中，可以向 ChatGPT 提供具体的需求和设计，以便生成符合实际情况的代码。

（4）**调试和优化**：根据生成的代码，检查是否符合项目的要求，对不符合要求的部分进行调整和优化。同时，可以向 ChatGPT 提出疑问和建议，以便获得更好的解决方案。

（5）**获取指导和建议**：在整个代码生成的过程中，可以随时向 ChatGPT 咨询相关问题，以获得指导和建议。这有助于提高代码质量和开发效率。

本节通过与 ChatGPT 互动，在较短的时间内生成了 TMS 项目的核心代码，为后续的开发和完善奠定了基础。需要注意的是，ChatGPT 所生成的代码仅作为后端开发工程师的参考和示例，在实际开发过程中需要根据项目实际情况进行必要的调整。

8.7　小结

本章详细讨论了后端应用开发的基本概念、API 的基本概念和设计原则。后端开发关注处理业务逻辑、数据处理以及与其他系统的交互，而 API 是实现不同系统间通信的关键。在 API 设计过程中，要遵循一定的原则和最佳实践以确保系统的可用性、可扩展性和可维护性。同时，本章探讨了如何利用 ChatGPT 助力 Web API 和数据库 API 开发，以提高开发效率和质量。ChatGPT 可以在需求分析、总体设计、代码生成、测试验证、应用部署与运维监控等各个阶段为开发者提供全方位的支持。除此以外，本章还讨论了如何利用 ChatGPT 生成 TMS 后端代码，使其根据需求和设计文档逐步生成核心代码。总之，本章旨在为开发者提供有关后端开发和 API 设计的理论基础，并介绍如何充分利用 ChatGPT 来提高后端开发效率和质量，以便在实际项目中更好地实现用户需求和项目目标。

第 9 章

ChatGPT 驱动 Web 前端开发

作为软件开发的重要组成部分，前端开发关注用户界面的实现和与用户的交互。UI 设计关注用户界面的外观和交互，旨在提供友好的体验。Web 前端开发负责将 UI 设计稿实现为实际的网页或应用，确保网页或应用在各种设备和浏览器上的兼容性。随着 Web 技术的不断发展，前端开发日益复杂，利用人工智能技术如 ChatGPT 对开发过程进行辅助和优化已经成为趋势。本章将探讨如何充分利用 ChatGPT 在前端设计与开发过程中提升效率和质量，包括如何在 HTML 结构优化、CSS 样式效果增强、JavaScript 开发加速等方面发挥 ChatGPT 的作用，同时讨论前端工程化、前端测试及 Web 可访问性等，以帮助前端开发工程师提高工作效率，创造更好的用户体验。

9.1 利用 ChatGPT 优化 HTML 结构

ChatGPT 在 HTML 结构优化方面可以为前端开发工程师提供有力的支持，主要包括提供更具语义化的标签、提高代码的可读性与可维护性，以及利用 HTML5 的新特性。

1. 语义化标签

语义化标签能够更清晰地描述标签的含义，使得搜索引擎和屏幕阅读器更容易理

解页面的内容。通过 ChatGPT，前端开发工程师可以获取关于如何使用更合适的语义
化标签的建议。例如，一个简单的博客页面可能包含文章、导航栏、侧边栏和页脚。
传统的 HTML 结构可能使用大量的 <div> 标签来实现。

```
<div id="header">
...
</div>
<div id="nav">
...
</div>
<div id="content">
...
</div>
<div id="sidebar">
...
</div>
<div id="footer">
...
</div>
```

借助 ChatGPT，前端开发工程师可以获得使用语义化标签的建议，以替换通用的
<div> 标签：

```
<header>
...
</header>
<nav>
...
</nav>
<main>
<article>
...
</article>
</main>
<aside>
...
</aside>
<footer>
...
</footer>
```

通过使用 <article>、<aside>、<nav> 等更具描述性的标签，页面的结构可变得更
加清晰，网页的可读性和可访问性也得以提高。

2. 提高代码的可读性与可维护性

代码的可读性和可维护性对于团队协作和项目成功至关重要。ChatGPT 可以帮助前端开发工程师在编写 HTML 时遵循一致的命名规范和代码风格，例如，它可以建议使用易于理解的类名、保持标签缩进一致、遵循 HTML 属性的书写顺序等。设想一个使用不规范命名和缩进的 HTML 片段：

```
<div class="Hdr">
<div class="navBR">
...
</div>
<div class="MAINCNTNT">
...
</div>
</div>
```

ChatGPT 可以为前端开发工程师提供规范化的代码风格建议：

```
<div class="header">
<div class="navbar">
...
</div>
<div class="main-content">
...
</div>
</div>
```

通过遵循这些建议，前端开发工程师可以确保所开发的代码更易于阅读和维护。

3. 利用 HTML5 新特性

HTML5 为 Web 开发引入了许多新特性，提供了更多的功能和更好的用户体验。这些新特性包括多媒体元素（如 <audio> 和 <video>）、表单元素（如 <datalist> 和 <output>）的扩展以及性能优化（如 <canvas> 和离线应用缓存）。ChatGPT 可以帮助前端开发工程师了解 HTML5 的这些新特性，以及如何在项目中恰当地使用它们。通过利用这些新特性，前端开发工程师可以创建更现代、功能更丰富的 Web 应用。

例如，假设一个前端开发工程师想要在网页中嵌入一个视频。在 HTML5 之前，实现这一功能通常需要依赖 Flash 插件。现在，借助 HTML5 的 <video> 标签，前端开发工程师可以轻松地在网页中添加视频。

```
<video width="320" height="240" controls>
```

```
<source src="movie.mp4" type="video/mp4">
<source src="movie.ogg" type="video/ogg">
Your browser does not support the video tag.
</video>
```

同样，HTML5 引入了许多有用的表单元素和属性，可以帮助前端开发者更好地创建和管理表单。其中，<datalist> 元素就是其中一个很好的例子，可以用来实现自动补全功能。

<datalist> 元素定义了一个预先设定的选项列表，这些选项可以与其他表单元素（例如 <input>）一起使用。当用户在与 <datalist> 关联的 <input> 元素中键入内容时，浏览器会显示出 <datalist> 中的相关选项供用户选择。

```
<label for="browser">Choose a browser from the list:</label>
<input list="browsers" name="browser" id="browser">

<datalist id="browsers">
<option value="Edge">
<option value="Firefox">
<option value="Chrome">
<option value="Opera">
<option value="Safari">
</datalist>
```

通过使用 ChatGPT，前端开发工程师可以更好地了解和利用 HTML5 新特性，从而实现更现代、高效的 Web 应用设计。

9.2　借助 ChatGPT 提升 CSS 样式效果

本节将探讨如何利用 ChatGPT 为网站提供更美观、响应式和高性能的样式设计。CSS（层叠样式表）是一种用于描述 HTML 元素外观和布局的语言。通过 ChatGPT，前端开发工程师可以在以下几个方面提升 CSS 样式效果。

1. 设计灵感与颜色搭配

设计灵感和颜色搭配对于创建美观的网站至关重要。ChatGPT 可以为前端开发工程师提供设计灵感，诸如建议流行的配色方案、网页布局和样式。例如，前端开发工程师可以让 ChatGPT 推荐颜色搭配方案：

请推荐一个适用于科技公司官网的颜色搭配方案。

您可以考虑使用以下颜色搭配：深蓝色（#1A237E）作为主色调，亮蓝色（#2196F3）作为辅助色调，白色（#FFFFFF）作为背景色，灰色（#9E9E9E）用于辅助文本。

2. 响应式布局

响应式布局可以确保所开发的网站在手机、平板或者电脑等不同的设备和屏幕尺寸上均能达到良好的显示效果，因此越来越重要。ChatGPT可以为前端开发工程师提供如何实现响应式布局的建议，诸如使用媒体查询或者CSS Grid。前端开发工程师向ChatGPT询问如何使用CSS Grid实现响应式布局示例如下。

请问如何使用CSS Grid实现响应式布局？

使用CSS Grid实现响应式布局，您可以根据视口宽度定义不同的网格布局。以下是一个例子：

```
.container {
  display: grid;
  grid-template-columns: repeat(auto-fill, minmax(200px, 1fr));
  grid-gap: 20px;
}

@media (min-width: 768px) {
  .container {
    grid-template-columns: repeat(auto-fill, minmax(300px, 1fr));
  }
}
```

在这个例子中，.container元素将会根据屏幕的宽度自动调整网格的布局。当显示在小于 768px 的设备上时，每个网格项的最小宽度为 200px ；当显示在大于或等于 768px 的设备上时，每个网格项的最小宽度为 300px。

3.性能优化

为了提高网站的性能，前端开发工程师需要关注 CSS 的加载速度和渲染速度。 ChatGPT 可以提供性能优化的相关建议，诸如减少不必要的选择器、合并重复的样式 规则、使用 CSS 变量等。

请问如何优化网站 CSS 的性能？

要优化网站 CSS 的性能，您可以采取以下措施：

减少选择器的复杂性：简化 CSS 选择器，避免使用过于具体的选择器或多层 嵌套。这样可以减少浏览器的匹配过程，提高渲染速度。

```
/* 避免使用 */
body > div > ul > li > a {...}

/* 改为使用 */
.nav-item a {...}
```

合并重复的样式规则：将具有相同样式的元素放在同一个选择器中，减少代 码冗余。

```
css
/* 避免使用 */
h1 {font-family: Arial, sans-serif;}
h2 {font-family: Arial, sans-serif;}

/* 改为使用 */
h1, h2 {font-family: Arial, sans-serif;}
```

使用 CSS 变量：通过使用 CSS 变量，可以实现一次定义、多处引用，方便修 改和维护。

```
:root {
  --main-color: #2196F3;
```

```
}

.header {
  background-color: var(--main-color);
}

.button {
  color: var(--main-color);
}
```

压缩 CSS 文件：通过移除空白字符、注释等无关内容，减小 CSS 文件大小，提高加载速度。

使用 CDN（内容分发网络）：将 CSS 文件托管在 CDN 上，可以缩短文件传输时间，提高加载速度。

通过这些优化措施，您可以提高 CSS 性能，为用户提供更快的网站加载速度和更流畅的浏览体验。

9.3 使用 ChatGPT 加速 JavaScript 开发

ChatGPT 可以在 JavaScript 的开发过程中发挥重要作用，帮助前端开发工程师提高编程效率并且提高编程质量。以下是一些使用 ChatGPT 加速 JavaScript 开发的方法和示例。

1. 代码生成

ChatGPT 可以帮助生成 JavaScript 代码，减少前端开发工程师手动编写代码的时间。例如，可以向 ChatGPT 询问如何创建一个计算两个数求和的 JavaScript 函数，ChatGPT 会自动生成相应的代码：

如何创建一个计算两个数相加的 JavaScript 函数？

您可以创建一个名为 `addNumbers` 的函数，接收两个参数，返回它们的和。

示例如下：

```javascript
function addNumbers(a, b) {
  return a + b;
}
```

2. 智能提示

在编写代码时，ChatGPT 可以提供智能提示和建议，帮助前端开发工程师更高效地编写代码。例如，在编写处理日期的代码时，ChatGPT 可以向前端开发工程师推荐使用 JavaScript 的 Date 对象及其相关方法。

3. 代码审查与优化

ChatGPT 可以帮助审查和优化现有的 JavaScript 代码。

如何优化以下这段代码？

```
function isEven(num) {
  if (num % 2 === 0) {
    return true;
  } else {
    return false;
  }
}
```

```
function isEven(num) {
  return num % 2 === 0;
}
```

4. 错误检测与修复

在前端开发工程师遇到问题时，ChatGPT 可以帮助诊断错误并提供修复建议。

以下代码在运行时遇到了问题，请帮忙分析。

```
f function calculateSum(arr) {
  let sum = 0;
  for (let i = 0; i <= arr.length; i++) {
    sum += arr[i];
  }
  return sum;
}
```

```
function calculateSum(arr) {
  let sum = 0;
  for (let i = 0; i < arr.length; i++) {
    sum += arr[i];
  }
  return sum;
}
```

在上例中，ChatGPT 直接提示前端开发工程师将循环条件从 i <= arr.length 修改为 i < arr.length，以避免数组越界，从而解决问题。

5. 学习新技术

ChatGPT 可以帮助前端开发工程师学习新的 JavaScript 技术和框架，例如 React、Vue 或 Angular。它可以为您提供入门指南、示例代码和最佳实践。

我想了解 Vue 3 的基本知识。

Vue 3 是一款流行的 JavaScript 框架，用于构建具有响应式和可组合性的用户界面。Vue 3 在 Vue 2 的基础上进行了许多改进，包括性能、大小、可维护性和新功能。以下是一些 Vue 3 的基本知识。

Vue 实例：Vue 实例是 Vue 应用的基础。一个 Vue 实例可以使用 createApp() 方法创建。创建 Vue 实例时，可以向其传递一个配置对象，该对象包含应用的数据、方法、计算属性等。

```
import { createApp } from 'vue';
```

```
import App from TMS./App.vue';

const app = createApp(App);
app.mount(TMS#app');
```

声明式渲染：Vue 使用声明式渲染，这意味着您只需描述您希望的视图的最终
状态，而 Vue 将负责处理如何达到该状态。Vue 模板使用基于 HTML 的模板语法，
允许您将数据绑定到 DOM。

```
<!-- 这是一个Vue模板示例 -->
<div id="app">
  {{ message }}
</div>
```

组件：Vue 组件是可重用的 Vue 实例，具有一个名字。组件可以作为自定义
元素使用，以便在其他组件的模板中引用。Vue 3 使用 defineComponent() 方法定
义组件。

```
import { defineComponent } from 'vue';

export default defineComponent({
  name: 'MyComponent',
  data() {
    return {
      message: 'Hello from MyComponent!TMS,
    };
  },
});
```

Props 和 Events：组件之间可以通过 Props 传递数据，通过事件进行通信。
Props 是父组件向子组件传递数据的一种方式，而事件允许子组件向父组件发送
消息。

计算属性和侦听器：计算属性是基于其他数据计算得出的属性，它们具有缓
存特性，只有当依赖的数据发生变化时才会重新计算。侦听器允许您在某个数据
发生变化时执行特定的操作。

Vue 3 Composition API：Composition API 是 Vue 3 的一个新特性，允许更灵
活地组织和共享组件逻辑，使用 ref 和 reactive 创建响应式数据，使用 computed
创建计算属性，使用 watch 和 watchEffect 创建侦听器。

```
import { ref, computed } from 'vue';

export default {
  setup() {
    const count = ref(0);
    const doubledCount = computed(() => count.value * 2);

    function increment() {
      count.value++;
    }

    return {
      count,
      doubledCount,
      increment,
    };
  },
};
```

这些只是 Vue 3 的基本知识，更多高级功能和实践可以在 Vue 官方文档中找到：https://v3.vuejs.org/。

总之，通过使用 ChatGPT，前端开发工程师可以在代码生成、智能提示、代码审查与优化、错误检测与修复以及学习新技术等方面加速 JavaScript 开发。这将有助于提高开发效率和代码质量，为项目成功、满足用户需求提供保障。

9.4　前端工程化与 ChatGPT

前端工程化是一种通过使用工具、技术和最佳实践来提高开发效率、代码质量和产品可维护性的方法，涉及模块化开发、自动化构建、自动化测试、性能优化等方面。在前端工程化过程中，ChatGPT 可以提供帮助并优化各个环节。本节将详细介绍在前端工程化中如何利用 ChatGPT。

1. 模块化开发

模块化开发是将代码分解为可重用的模块，以简化开发并提高代码质量的过程。ChatGPT 可以为开发工程师提供关于模块划分的建议，以及组织和管理模块的方法。除此以外，它还可以生成模块化的代码片段，以便更快地实现功能。例如，ChatGPT

可以将一个庞大的 CSS 文件拆分为诸如布局、颜色、排版等多个子模块，以便管理和维护。

请将 CSS 拆分成布局、颜色和排版 3 个模块。

```css
/* main.css */
@import 'layout.css';
@import 'colors.css';
@import 'typography.css';
```

2. 自动化构建

自动化构建是通过使用构建工具（如 Webpack、Gulp、Grunt 等）自动执行编译、压缩、合并等任务，以减少手动操作并提高开发效率。ChatGPT 可以生成构建配置文件，并且可以根据项目需求提供合适的插件和优化策略。

例如，对于一个使用 Webpack 的项目，ChatGPT 可以帮助做如下配置：

```javascript
const HtmlWebpackPlugin = require('html-webpack-plugin');
const MiniCssExtractPlugin = require('mini-css-extract-plugin');

module.exports = {
  entry: TMS./src/index.js',
  output: {
    path: __dirname + TMS/dist',
    filename: 'bundle.js'
  },
  module: {
    rules: [
      {
        test: /\.css$/,
        use: [MiniCssExtractPlugin.loader, 'css-loader']
      },
      {
        test: /\.js$/,
        exclude: /node_modules/,
        use: ['babel-loader']
      }
    ]
  },
```

```
plugins: [
  new HtmlWebpackPlugin({
    template: TMS./src/index.html'
  }),
  new MiniCssExtractPlugin({
    filename: TMS[name].css'
  })
]
};
```

3. 自动化测试

自动化测试是使用诸如 Jest、Mocha、Cypress 等测试工具自动执行测试用例，以确保代码质量。ChatGPT 可以帮助编写测试用例，提供提高测试覆盖率的建议，并协助解决测试失败的问题。例如，对于一个使用 Jest 的项目，ChatGPT 可以帮助您编写测试用例：

```
const sum = require(TMS./sum');

test('adds 1 + 2 to equal 3', () => {
  expect(sum(1, 2)).toBe(3);
});

test('adds -1 + 2 to equal 1', () => {
expect(sum(-1, 2)).toBe(1);
});
```

4. 性能优化

性能优化是通过诸如代码压缩、图片优化、懒加载等方法来提高网站在不同设备上和网络条件下的加载速度。ChatGPT 可以提供性能优化建议，生成优化代码片段，并协助使用性能分析工具（如 Lighthouse）来评估网站的性能。例如，对于懒加载图片，ChatGPT 可以帮助生成如下 JavaScript 代码：

```
javascript
document.addEventListener('DOMContentLoaded', () => {
  const lazyImages = [].slice.call(document.querySelectorAll('img.lazy'));

  const lazyLoad = (image) => {
    image.src = image.dataset.src;
    image.classList.remove('lazy');
  };

  const inViewport = (element) => {
```

```
    const rect = element.getBoundingClientRect();
    return (
      rect.top >= 0 &&
      rect.left >= 0 &&
      rect.bottom <= (window.innerHeight || document.documentElement.
        clientHeight) &&
      rect.right <= (window.innerWidth || document.documentElement.clientWidth)
    );
  };

  const checkImages = () => {
    lazyImages.forEach((image) => {
      if (inViewport(image)) {
        lazyLoad(image);
      }
    });
  };

  window.addEventListener('scroll', checkImages);
  window.addEventListener('resize', checkImages);

  checkImages();
});
```

9.5　ChatGPT 辅助前端测试

前端测试是确保 Web 应用质量、兼容性和性能的重要环节。借助 ChatGPT，前端开发工程师可以在前端测试的各个方面获得有力支持，这包括测试用例生成、自动化测试、测试覆盖率分析以及问题定位和修复。下面是 ChatGPT 在前端测试方面的具体应用。

1. 测试用例生成

ChatGPT 可以帮助开发工程师根据功能需求和代码逻辑生成测试用例。例如，如果需要测试一个表单验证功能，要求用户名长度在 3 到 10 个字符之间且只允许由字母和数字组成。ChatGPT 可以提供一组测试用例，包括各种边界条件和异常情况。这将确保验证功能能够在不同场景下正常工作，具体生成的测试用例如下：

❑ 合法用户名：'User123'。

❑ 长度过短：'Us1'。

❑ 长度过长：'User123456789'。

❑ 包含非法字符："User_123"。

2. 自动化测试

ChatGPT 可以帮助编写自动化测试脚本，提高测试效率和准确率。例如，前端开发工程师可以向 ChatGPT 询问如何使用 Jest（一种流行的 JavaScript 测试框架）编写自动化测试脚本。ChatGPT 将提供示例代码和相关解释，让前端开发工程师快速上手。

```
// 引入需要测试的函数
import { validateUsername } from TMS./validation';

// 编写测试用例
describe('validateUsername', () => {
  test('should accept valid username', () => {
    expect(validateUsername('User123')).toBe(true);
  });

  test('should reject username with length less than 3', () => {
    expect(validateUsername('Us1')).toBe(false);
  });

  test('should reject username with length greater than 10', () => {
    expect(validateUsername('User123456789')).toBe(false);
  });

  test('should reject username with invalid characters', () => {
    expect(validateUsername('User_123')).toBe(false);
  });
});
```

3. 测试覆盖率分析

测试覆盖率是衡量测试代码质量的关键指标。ChatGPT 可以帮助分析测试覆盖率报告，发现未被测试的代码片段，以便编写出更全面的测试用例。同时，ChatGPT 还可以根据测试覆盖率报告提供优化建议，从而提高代码质量。

4. 问题定位和修复

在测试过程中，前端开发工程师可能会发现前端代码的问题，例如布局错位、功能异常等。ChatGPT 可以帮助根据对问题的描述快速定位问题根本原因，提供修复建议甚至示例代码。这将大大缩短问题解决时间，提高前端开发的效率并且提高前端代码质量。例如，如果在测试中发现某个按钮点击无响应，可以通过问题描述告诉

ChatGPT，由它根据描述来分析可能的原因，并给出修复的建议。

问题描述：点击提交按钮时，页面无反应。

可能的原因及修复建议。

事件监听器未正确绑定：请检查按钮元素上的事件监听器是否正确绑定。例如，在 JavaScript 中，确保为按钮元素添加了 Click 事件监听器。

```
document.querySelector(TMS#submit-button').addEventListener('click',
  handleSubmit);
```

请解释事件处理函数中的错误。

检查事件处理函数 handleSubmit 中是否存在错误。确保函数内的逻辑正确，且不存在引发异常的代码。如果有类似 Ajax 请求的异步操作，请确保使用 async、await 或 Promise 进行正确处理。

```
async function handleSubmit() {
  try {
    const response = await fetch(TMS/api/submit', { method: 'POST' });
    // 处理响应
  } catch (error) {
    // 错误处理
  }
}
```

请说明 CSS 样式影响。

检查 CSS 样式是否影响了按钮点击事件。例如，确保没有其他元素覆盖在按钮上，导致点击事件被阻止。

```css
/* 修复元素层叠问题 */
#overlay-element {
  pointer-events: none;
}
```

9.6 利用 ChatGPT 提高 Web 可访问性

Web 可访问性是指为所有用户，包括那些有特殊需求或残疾的人，提供无障碍访问 Web 内容和服务的能力。ChatGPT 可以帮助前端开发工程师在各个方面提高 Web 可访问性，如提供有关结构、颜色、导航、文本和多媒体优化的建议。以下是一些如何借助 ChatGPT 提高 Web 可访问性的例子。

1. 结构

使用语义化标签和 ARIA（Accessible Rich Internet Application）属性帮助屏幕阅读器更好地理解和导航网页。ChatGPT 可以为您提供适当的语义化标签和 ARIA 属性方面的建议。例如，您可以使用 <header>、<nav>、<main> 和 <footer> 等标签来创建具有明确结构的页面，并使用 ARIA 属性（如 aria-labelledby 和 aria-describedby）来提供辅助信息。

```html
<header>
  <h1 id="main-heading"> 网站标题 </h1>
</header>
<nav>
    <ul>
      <li><a href="#"> 首页 </a></li>
      <li><a href="#"> 产品 </a></li>
      <li><a href="#"> 联系我们 </a></li>
    </ul>
</nav>
<main aria-labelledby="main-heading">
    <!-- 页面主要内容 -->
    </main>
    <footer>
    <!-- 页脚内容 -->
    </footer>
```

2. 颜色

视觉障碍用户可能难以辨认低对比度的颜色组合。因此，对于视觉障碍用户，确保颜色对比度高是让网站更友好的关键。根据 WCAG 标准，普通文本的最小对比度应为 4.5∶1，而大号文本（14 点粗体或 18 点正常字体及以上）的最小对比度应为 3∶1。可以请 ChatGPT 提供高对比度的颜色建议，确保网站对于所有用户都易于阅读。以下是一些具体的应用案例，展示了高对比度的颜色组合：

❑ 黑色文本（#000000）与白色背景（#FFFFFF）。

❑ 白色文本（#FFFFFF）与黑色背景（#000000）。

❑ 深蓝色文本（#0000CC）与灰色背景（#CCCCCC）。

对于视觉障碍用户，这些高对比度的颜色组合更容易阅读。在设计时，我们应尽可能选择对比度高的颜色组合，以确保网站对所有用户都易于阅读。此外，颜色并不是传达信息的唯一方式。例如，如果要用颜色来表示链接，那么应该用诸如下划线这样的视觉提示，以便视觉障碍用户能够识别链接。

总体来说，颜色对比度是网页可访问性的重要方面，我们可以利用 ChatGPT 给出可以确保网站颜色对比度高的优化组合建议，以满足所有用户的需求。

3. 导航

为了方便使用屏幕阅读器或键盘导航的用户，您可以根据 ChatGPT 的建议来设计易于使用的导航菜单。例如，为链接和按钮提供明确的文本标签，确保焦点状态清晰可见，以及使用 tabindex 属性优化导航顺序。

以下是 ChatGPT 给出的一些优化导航菜单的建议。

明确的文本标签：所有的链接和按钮都应有明确的文本标签来描述它们的功能。例如，避免使用模糊的标签如"点击这里"，而是使用描述性的标签如"阅读更多关于我们的信息"。

清晰可见的焦点状态：当用户使用键盘导航时，他们依赖焦点状态来知道当前在哪个元素上。因此，确保焦点状态清晰可见非常重要。一种常见的方法是使用 CSS 的 :focus 伪类。

```
a:focus, button:focus {
  outline: 2px solid #0000FF; /* 蓝色轮廓 */
}
```

优化导航顺序：使用 tabindex 属性有助于控制元素的导航顺序。默认情况下，元素的 tabindex 为 0，表示该元素将按其在页面上的顺序被聚焦。我们可以使用负值（如 tabindex="-1"）来移除元素的焦点，或者使用大于 0 的值来改变焦点顺序。然而，通常不推荐改变默认的焦点顺序，因为这可能会让导航变得混乱。更好的做法是通过改变 HTML 结构来优化导航顺序。

4. 文本

阅读障碍用户可能需要使用特殊字体或放大字体。ChatGPT 可以帮助您选择易于阅读的字体和合适的字号，并提供实现可缩放文本的建议。

```
body {
  font-family: "Arial", sans-serif;
  font-size: 16px;
  line-height: 1.5;
}
```

首先，字体应该清晰易读。简单的无衬线字体（sans-serif）如 Arial 或 Helvetica 通常是较好的选择。字体大小应适中，一般来说，基本的段落文本字体大小设为 16px 是一个不错的选择。其次，行高也是一个重要因素，它可以影响文本的可读性。一般来说，行高应设为字体大小的 1.5 倍，这样可以确保文本有足够的垂直空间，更易于阅读。再次，为了确保文本可以适应不同的设备和屏幕尺寸，也可以使用相对单位（例如 em 或 rem）来设置字体大小，这样用户就可以根据需要缩放页面。此外，考虑到阅读障碍用户，我们还可以提供一个功能，允许用户在网站上选择不同的字体大小。以下是一个 JavaScript 开发示例，它可以改变页面的字体大小。

```
function changeFontSize(size) {
  document.body.style.fontSize = size + 'px';
}
```

在 HTML 中，可以使用按钮来触发上述函数，改变字体大小：

```
<button onclick="changeFontSize(16)">Default font size</button>
<button onclick="changeFontSize(20)">Large font size</button>
```

5. 多媒体

为视障和听障用户提供无障碍的多媒体体验至关重要。ChatGPT 可以提醒您为图像提供 alt 属性，为视频提供字幕和音频描述，以及确保所有多媒体元素可以通过键盘控制。

```
<img src="example.jpg" alt="描述图像的说明">
<video controls>
<source src="example.mp4" type="video/mp4">
<track kind="captions" src="example_captions.vtt" srclang="en" label="English">
<track kind="descriptions" src="example_descriptions.vtt" srclang="en"
  label="English">
您的浏览器不支持video标签。
</video>
```
```

### 6. 表单

确保表单易于填写和理解对于提高 Web 可访问性至关重要。ChatGPT 可以为您提供关于如何创建无障碍表单的建议，包括使用 <label> 元素与表单控件关联、使用适当的 <input> 类型，以及为表单控件提供明确的错误信息提示。

```
<form>
  <label for="name">姓名: </label>
  <input type="text" id="name" name="name" required>
  <label for="email">邮箱: </label>
  <input type="email" id="email" name="email" required>
  <button type="submit">提交</button>
</form>
```

综上所述，ChatGPT 可以为前端开发工程师在提高 Web 可访问性方面提供有力支持。通过实现更具语义化的标签、高对比度的颜色组合、易于导航的菜单、易于阅读的文本、无障碍的多媒体体验和友好的表单设计，前端开发工程师可以确保网站适应不同设备和用户需求，为用户提供更好的体验。

9.7　ChatGPT 生成 TMS 前端代码

本节将通过 TMS 的具体案例，展示如何在实际项目中利用 ChatGPT 进行 Web 应用前端设计与实施。在与 ChatGPT 进行需求沟通阶段，设计师向 ChatGPT 提供了项目背景、业务需求和目标用户等信息。通过这些信息，ChatGPT 给出一些建议，如采用清晰的信息架构、提供实时数据更新和通知等，以满足终端管理者的实时监控和操作需求。以下是具体的过程。
```

项目背景描述如下。

项目背景：本项目旨在开发一个管理后台服务的前端页面，用于整合和管理核心应用服务和辅助支撑服务。

业务需求如下。

信息架构：设计一个清晰的信息架构，使用户能够轻松地找到和使用所需功能。

实时数据更新：提供实时数据更新，以便用户实时监控和操作终端设备。

通知功能：实现通知功能，以便在关键事件发生时通知用户。

核心应用服务整合：整合参数管理、远程支持、设备管理、软件管理和密钥管理等功能模块，方便用户操作。

辅助支撑服务整合：整合远程支持服务、通知管理服务、用户管理服务和日志管理服务等辅助功能，提高用户体验。

目标用户：内部业务管理人员，需要对终端设备进行实时监控和操作。

根据所提供的需求，以下是针对后台服务管理的前端设计建议。

信息架构：

使用侧边导航栏展示不同功能模块，便于用户快速定位所需功能。

对核心应用服务和辅助支撑服务进行分组，使信息结构更加清晰。

通过面包屑导航让用户了解当前所处页面的层级关系，提高导航效率。

实时数据更新：

使用WebSocket或轮询等技术实现实时数据更新，保持前端数据与后端数据同步。

设计实时数据展示区域，例如设备状态、软件版本等，让用户随时了解终端设备的情况。

通知功能：

在页面顶部添加通知图标，实时展示未读通知数量。

使用弹窗或横幅等形式，将关键通知推送给用户，避免信息错过。

核心应用服务整合：

对诸如参数管理、远程支持等功能模块，统一设计风格，保持整体视觉的一致性。

提供可视化设备管理界面，展示设备列表、详情等信息，方便用户操作。

辅助支撑服务整合：

将远程支持服务、通知管理服务等辅助功能整合到一个易于访问的区域。

用户管理服务应提供用户列表、角色分配、权限管理等功能，以便对内部人员进行管理。

日志管理服务需提供筛选、查询、导出等功能，方便用户查看和分析日志。

界面风格与交互：

采用简洁明了的界面风格，避免过多的装饰元素，提高可用性。

使用清晰的图标和文字标签，使功能模块易于理解。

优化交互设计，提供明确的操作反馈，增强用户体验。

综上所述，以上建议可供后台服务管理前端设计人员参考。在实际设计过程中，请根据项目进展和用户反馈进行相应调整，以满足实际需求。

在生成设计原型与界面草图阶段，设计师根据 ChatGPT 的建议，创建了包含参数管理、远程支持、设备管理、软件管理和密钥管理等功能模块的原型。ChatGPT 还为设计师提供了关于布局、导航和视觉风格的建议，使界面更加清晰、易用和视觉一致。

请根据以下前端设计需求，生成具体可执行的前端设计方案。

信息架构：

采用页面左侧侧边导航栏来展示不同功能模块，便于快速定位所需功能。

对核心应用服务和辅助支撑服务分组，使信息结构更加清晰。

核心应用服务包括设备管理、参数管理、密钥管理和软件管理功能。

辅助支撑服务包括远程支持、日志管理、通知管理和用户管理功能。

通过面包屑导航让用户了解当前所处页面的层级关系，提高导航效率。

实时数据更新：

使用 WebSocket 或轮询等技术实现实时数据更新，保持前端数据与后端数据同步。

设计实时数据展示区域，展示设备状态和软件版本，让用户随时了解终端设备的情况。

通知功能：

在页面顶部添加通知图标，实时展示未读通知数量。

使用弹窗或横幅等形式，将关键通知推送给用户，避免信息错过。

核心应用服务整合：

对诸如参数管理、远程支持等功能模块，统一设计风格，保持整体视觉的一致性。

提供可视化设备管理界面，展示设备列表、详情等信息，方便用户操作。

辅助支撑服务整合：

将远程支持、通知管理等辅助功能整合到一个易于访问的区域。

用户管理应该提供用户列表、角色分配、权限管理等功能，以方便管理。

日志管理需提供筛选、查询、导出等功能，方便用户查看和分析日志。

界面风格与交互：

采用简洁明了的界面风格，避免过多的装饰元素，提高可用性。

使用清晰的图标和文字标签，使功能模块易于理解。

优化交互设计，提供明确的操作反馈，增强用户体验。

基于提供的前端设计建议，以下是一个具体可执行的前端设计方案。

页面布局：

使用响应式布局，以适应各种屏幕尺寸和设备类型。

页面顶部包含品牌标志、通知图标及用户信息。

页面左侧为侧边导航栏，包含核心应用和辅助支撑服务的分组菜单。

信息架构：

设计一套高效的导航系统，包括侧边导航栏、面包屑导航及快速搜索功能。

在侧边导航栏中，分组显示核心应用服务和辅助支撑服务，提供一级和二级菜单。

在面包屑导航中，显示当前页面的层级关系，帮助用户快速定位和返回。

实时数据更新：

使用WebSocket技术进行实时数据更新，使得前端数据与后端数据保持同步。

在适当的页面和区域展示实时数据，如设备状态和软件版本。

通知功能：

在页面顶部通知图标处实时展示未读通知数量。

使用浮动弹窗或横幅通知的形式，将关键通知推送给用户。

核心应用服务整合：

设备管理服务提供设备列表，展示设备名称、设备类型、设备状态等信息。点击设备可查看设备详情、软件版本、参数设置等，可对设备进行操作，如远程控制、参数修改等。

参数管理服务展示参数列表，支持参数的添加、编辑、删除、搜索和排序。

密钥管理服务展示密钥列表，支持密钥的生成、更新、删除和搜索。

软件管理服务提供软件列表，展示软件名称、版本、发布日期等信息，支持软件的上传、更新、删除和搜索。

辅助支撑服务整合：

远程支持服务提供远程支持功能，支持用户与终端设备进行实时交互。

日志管理服务展示日志列表，包括事件类型、时间、操作人等信息，支持日志筛选、查询、导出等功能。

通知管理服务提供通知列表，展示通知标题、类型、时间等信息，支持通知的添加、编辑、删除和搜索。

用户管理服务展示用户列表，包括用户名、角色、权限等信息，支持用户的添加、编辑、删除、分配角色和权限等功能。

界面风格与交互：

采用简洁明了的界面风格，提高可用性。

使用清晰的图标和文字标签，使功能模块易于理解。

　　为了更准确地向设计师传达前端设计方案的具体信息，我们与 ChatGPT 再进行一轮讨论，获得可以具体操作的指令级别的方案，具体过程如下。

❓

　　后台服务管理的前端设计方案如下。

　　页面布局：

　　使用响应式布局，以适应各种屏幕尺寸和设备类型。

　　页面顶部包含品牌标志、通知图标及用户信息。

　　页面左侧为侧边导航栏，包含核心应用服务和辅助支撑服务的分组菜单。

　　信息架构：

　　设计一套高效的导航系统，包括侧边导航栏、面包屑导航及快速搜索功能。

　　在侧边导航栏中，分组显示核心应用服务和辅助支撑服务，提供一级和二级菜单。

　　在面包屑导航中，显示当前页面的层级关系，帮助用户快速定位和返回。

　　实时数据更新：

　　使用 WebSocket 技术进行实时数据更新，使得前端数据与后端数据保持同步。在适当的页面和区域展示实时数据，如设备状态和软件版本。

　　通知功能：在页面顶部通知图标处实时展示未读通知数量。使用浮动弹窗或横幅通知的形式，将关键通知推送给用户。

　　核心应用服务整合：

　　设备管理服务提供设备列表，展示设备名称、设备类型、设备状态等信息。点击设备可查看设备详情、软件版本、参数设置等，可对设备进行操作，如远程控制、参数修改等。

　　参数管理服务展示参数列表，支持参数的添加、编辑、删除、搜索和排序。

　　密钥管理服务展示密钥列表，支持密钥的生成、更新、删除和搜索。

　　软件管理服务提供软件列表，展示软件名称、版本、发布日期等信息，支持软件的上传、更新、删除和搜索。

　　辅助支撑服务整合：

　　远程支持服务提供远程支持功能，支持用户与终端设备进行实时交互。

日志管理服务展示日志列表，包括事件类型、时间、操作人等信息，支持日志筛选、查询、导出等功能。

通知管理服务提供通知列表，展示通知标题、类型、时间等信息，支持通知的添加、编辑、删除和搜索。

用户管理服务展示用户列表，包括用户名、角色、权限等信息。支持用户的添加、编辑、删除、分配角色和权限等功能。

界面风格与交互：

采用简洁明了的界面风格，提高可用性。

使用清晰的图标和文字标签，使功能模块易于理解。

请根据以上方案生成设计原型与界面草图。

为您描述一个可能的界面布局，您可以将这些信息提供给设计师，让他们根据您的需求绘制相应的设计原型和界面草图。

页面布局

页面顶部：包含品牌标志、通知图标和用户信息。品牌标志位于左侧，通知图标位于中间偏右，用户信息位于最右侧。

页面左侧：侧边导航栏，分组显示核心应用服务和辅助支撑服务。各功能模块采用一级和二级菜单形式展示。

页面主体：根据选择的功能模块，显示相应的内容。可采用卡片式布局展示列表数据，提供筛选和搜索功能。

设备管理界面

设备列表：以卡片或表格形式展示设备名称、设备类型、设备状态等信息。

设备详情：点击设备后，展示设备的详细信息，如软件版本、参数设置等，并提供远程控制、参数修改等操作功能。

参数管理界面

参数列表：以表格形式展示参数数据，支持添加、编辑、删除、搜索和排序功能。

密钥管理界面

密钥列表：以表格形式展示密钥数据，支持生成、更新、删除和搜索功能。

软件管理界面

软件列表：以卡片或表格形式展示软件名称、版本、发布日期等信息，支持上传、更新、删除和搜索功能。

远程支持界面

实时交互区域：提供实时交互功能，支持用户与终端设备进行实时交互。

日志管理界面

日志列表：以表格形式展示事件类型、时间、操作人等信息，支持筛选、查询、导出等功能。

通知管理界面

通知列表：以卡片或表格形式展示通知标题、类型、时间等信息，支持添加、编辑、删除和搜索功能。

用户管理界面

用户列表：以表格形式展示用户名、角色、权限等信息，支持添加、编辑、删除、分配角色和权限等功能。

在创建 UI 组件库阶段，设计师与 ChatGPT 合作，根据项目的设计规范和需求，生成一套包含表格、图表、按钮等基本元素的组件库。这些组件可以在整个项目中复用，确保了视觉和功能的一致性。

在优化用户体验与交互设计阶段，设计师通过与 ChatGPT 讨论，发现了一些提升用户体验的机会，如添加批量操作功能、优化表格的可读性等。ChatGPT 还提供了有关交互设计的最佳实践，使管理后台服务更加直观和易用。图 9-1 是一个终端管理平台前端设计方案示例。

最后，在前端设计代码生成阶段，开发者利用 ChatGPT 将设计稿转换为 HTML、CSS 和 JavaScript 代码。在测试过程中，ChatGPT 还可以协助前端开发工程师进行代码审查以及问题排查，以确保应用程序在不同设备和浏览器上的兼容性和稳定性。

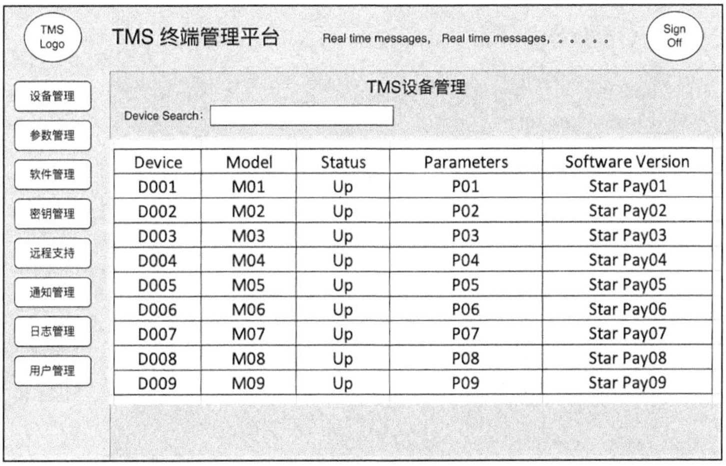

图 9-1　终端管理平台前端设计方案示例

请根据以上信息，生成设计页面的 HTML 代码。

根据所提供的描述，以下是一个简化的 HTML、CSS 和 JavaScript 示例代码。这个代码示例将帮助您构建一个基本的页面布局和导航。请注意，这仅仅是一个起点，您可能需要根据需求进行更多的调整和优化。

```
HTML 代码：
<!DOCTYPE html>
<html lang="en">
<head>
  <meta charset="UTF-8">
  <meta name="viewport" content="width=device-width, initial-scale=1.0">
  <title>TMS 后台管理服务 </title>
  <link rel="stylesheet" href="styles.css">
</head>
<body>
  <header>
    <div class="brand-logo">品牌标志 </div>
    <div class="notification">通知图标 </div>
    <div class="user-info">用户信息 </div>
  </header>
  <nav>
```

```html
    <ul class="menu">
      <li>
        <a href="#">核心应用服务 </a>
        <ul class="submenu">
          <li><a href="#"> 设备管理 </a></li>
          <li><a href="#"> 参数管理 </a></li>
          <li><a href="#"> 密钥管理 </a></li>
          <li><a href="#"> 软件管理 </a></li>
        </ul>
      </li>
      <li>
        <a href="#">辅助支撑服务 </a>
        <ul class="submenu">
        <li><a href="#"> 远程支持 </a></li>
        <li><a href="#"> 日志管理 </a></li>
        <li><a href="#"> 通知管理 </a></li>
        <li><a href="#"> 用户管理 </a></li>
      </ul>
    </li>
  </ul>
</nav>
<main>
    <!-- 主体内容区域，根据选择的功能模块显示相应的内容 -->
  </main>
  <script src="scripts.js"></script>
</body>
</html>
```

CSS (styles.css):

```css
* {
  margin: 0;
  padding: 0;
  box-sizing: border-box;
}

body {
  font-family: Arial, sans-serif;
}

header {
  display: flex;
  justify-content: space-between;
  padding: 1rem;
  background-color: #333;
  color: white;
}

nav {
```

```css
    width: 200px;
    background-color: #f5f5f5;
  }

  .menu {
    list-style-type: none;
  }

  .menu > li > a {
    display: block;
    padding: 0.5rem 1rem;
    text-decoration: none;
    color: #333;
  }

  .submenu {
    display: none;
    list-style-type: none;
    background-color: #eee;
  }

  .submenu > li > a {
    display: block;
    padding: 0.5rem 1rem;
    text-decoration: none;
    color: #333;
  }

  .menu > li:hover .submenu {
    display: block;
  }
```

JavaScript (scripts.js):

```javascript
// 在此处添加交互功能和逻辑
```

这个示例代码提供了一个基本的页面布局和导航实现，您可以在此基础上继续添加其他功能模块的代码。建议在实际项目中使用现代前端框架（如React、Vue或Angular），以简化开发过程并提高代码可维护性。以下是一个简化的Vue.js示例，演示如何在主体内容区域根据选择的功能模块显示相应的内容。

首先，确保已经安装了Node.js。然后，在终端运行以下命令以创建一个新的Vue.js项目：

```
npx create-vue
```

根据提示选择预设配置并创建项目，然后进入项目文件夹：

```
cd my-project
```

将以下代码添加到 src/App.vue：

```
<template>
  <div id="app">
    <header>
      <div class="brand-logo">品牌标志</div>
      <div class="notification">通知图标</div>
      <div class="user-info">用户信息</div>
    </header>
    <nav>
      <ul class="menu">
        <li v-for="menuItem in menuItems" :key="menuItem.name">
          <a @click="selectModule(menuItem)">{{ menuItem.name }}</a>
          <ul class="submenu">
            <li v-for="submenuItem in menuItem.submenu" :key="submenuItem">
              <a @click="selectFeature(submenuItem)">{{ submenuItem }}</a>
            </li>
          </ul>
        </li>
      </ul>
    </nav>
    <main>
      <div v-if="selectedFeature">
        <h2>{{ selectedFeature }}</h2>
        <!-- 在此处添加相应功能模块的代码 -->
      </div>
    </main>
  </div>
</template>
<script>
export default {
  data() {
    return {
      menuItems: [
        {
          name: "核心应用服务",
          submenu: ["设备管理", "参数管理", "密钥管理", "软件管理"],
        },
        {
          name: "辅助支撑服务",
          submenu: ["远程支持", "日志管理", "通知管理", "用户管理"],
        },
      ],
```

```
      selectedFeature: null,
    };
  },
  methods: {
    selectModule(menuItem) {
      this.selectedFeature = menuItem.submenu[0];
    },
    selectFeature(feature) {
      this.selectedFeature = feature;
    },
  },
};
</script>
<style>
/* 在此处添加样式代码 */
</style>
```

保存更改并在终端运行以下命令，以启动开发服务器：

```
npm run serve
```

现在您可以在浏览器中访问 http://localhost:8080 以查看项目。当您单击导航菜单项时，主体内容区域将显示所选功能模块的名称。

请注意，这个示例使用的是 Vue.js 的基本功能。在实际项目中，您可能需要使用 Vue.js 更高级的功能，例如组件、路由和状态管理。请根据您的需求对代码进行调整。

在以下示例中，我们将展示如何使用 Vue.js 创建一个简化的设备管理列表。请将以下代码添加到 src/App.vue 文件中，并替换相应的部分。

在 <template> 标签的 <main> 中找到 <!--，在此处添加相应功能模块的代码 -->注释。在此处添加以下代码：

```
<div v-if="selectedFeature === '设备管理'">
  <table class="device-table">
    <thead>
      <tr>
        <th>设备名称</th>
        <th>设备类型</th>
        <th>设备状态</th>
      </tr>
    </thead>
    <tbody>
```

```
        <tr v-for="device in devices" :key="device.name">
          <td>{{ device.name }}</td>
          <td>{{ device.type }}</td>
          <td>{{ device.status }}</td>
        </tr>
      </tbody>
    </table>
  </div>
```

在 \<script\> 标签的 data() 函数中，添加一个名为 devices 的数组，其中包含设备的示例数据：

```
devices: [
  {
    name: "设备 1",
    type: "类型 1",
    status: "正常",
  },
  {
    name: "设备 2",
    type: "类型 2",
    status: "异常",
  },
  {
    name: "设备 3",
    type: "类型 1",
    status: "正常",
  },
],
```

在 \<style\> 标签内，添加以下 CSS 代码以美化表格：

```
.device-table {
  width: 100%;
  border-collapse: collapse;
}

.device-table th,
.device-table td {
  border: 1px solid #ccc;
  padding: 8px;
  text-align: left;
}

.device-table th {
  background-color: #f2f2f2;
```

```
    font-weight: bold;
}
```

保存更改并刷新浏览器，现在当您选择设备管理功能模块时，将显示一个简化的设备列表。

请注意，这只是一个示例，实际应用可能需要根据需求进行更多自定义。您可以根据需要为其他功能模块编写类似的代码。在实际项目中，您还需要考虑将功能模块代码拆分为独立的 Vue.js 组件，以便代码组织和维护。

通过以上案例可以看到，在 Web 前端开发过程中，ChatGPT 可以为设计师和开发者提供有力支持，提高开发工程师的工作效率并确保项目质量。

9.8 小结

本章首先阐述了在前端设计与开发过程中，如何充分利用 ChatGPT 来提升开发效率和软件质量，讨论了 ChatGPT 在 HTML 结构优化、CSS 样式效果提升、JavaScript 开发加速、前端工程化、前端测试以及 Web 可访问性等方面的巨大作用。前端工程师通过使用 ChatGPT，可以设计出更具语义化的标签、提高代码的可读性与可维护性、提供更美观的响应式样式设计、提高 JavaScript 编程效率、提高项目构建和部署效率、生成测试用例、定位和修复前端问题，以及确保网站适应不同设备和满足用户需求。然后，本章展示了前端设计代码生成过程。从本章的讨论可以看出，ChatGPT 作为一种人工智能技术，如果善加利用，可以在前端开发的各个环节发挥重要作用，帮助前端开发工程师提高工作效率，提供更好的用户体验。

ChatGPT 驱动软件测试

ChatGPT 在软件测试中具有巨大的作用和潜力，它可以根据用户需求，规范地生成测试用例、测试场景、测试数据和测试计划。这不仅极大地提高了测试效率和效果，而且使软件测试人员能够将更多精力投入到探索边缘案例和非功能要求上，而非花费大量时间手动创建测试用例。此外，ChatGPT 还能提供有关自动化测试的建议，从而帮助加快测试并提高测试覆盖率。总之，ChatGPT 有望成为推动软件测试发展和确保软件产品质量的强大工具。

10.1　利用 ChatGPT 制订测试计划

在开始测试前，我们需要制订一份详细的测试计划。一个详尽且合理的测试计划是测试团队成功完成测试任务的关键。测试计划应明确测试目的、范围、方法、工具、进度及相关责任人。制订测试计划的目的是为测试团队提供明确的方向，确保测试活动顺利进行。良好的测试计划有助于提高测试质量和效率，降低测试风险，以及改善团队沟通和协作。

测试计划要明确测试目的，包括模块、功能、性能、安全等方面的测试范围。此外，测试计划也应明确测试方法和工具，例如手动测试、自动化测试、性能测试、安全测试等。测试计划应明确测试进度，包括测试开始和结束时间、测试阶段划分、测试用例执行进度等。最后，测试计划需明确测试责任人，如测试经理、测试工程师、业务人员等。

总之，制订一个详尽且合理的测试计划对于确保软件质量、提高测试效率、降低风险、改善团队沟通和协作具有重要意义。测试计划需要不断调整和优化，以适应项目变化和满足测试需求。

在制订测试计划过程中，我们可以借助 ChatGPT 的智能和专业知识。以下是利用 ChatGPT 制订测试计划的 6 个步骤。

（1）**阐述需求**：向 ChatGPT 描述项目基本信息，如项目背景、目标、功能需求和技术约束，以便让 ChatGPT 更好地理解项目，从而提供针对性的建议。

（2）**提问讨论**：与 ChatGPT 互动，提出关于测试计划的问题，如测试范围和策略。根据 ChatGPT 的回答，逐步完善测试计划。

（3）**撰写草稿**：根据与 ChatGPT 的讨论，撰写测试计划草稿。在撰写过程中，我们可以随时向 ChatGPT 咨询，以获得更多建议和指导。

（4）**审阅计划**：完成测试计划草稿后，提交给 ChatGPT 进行审阅。ChatGPT 将评估测试计划并提出改进意见。

（5）**修改完善**：根据 ChatGPT 的反馈，对测试计划进行修改和完善。在此过程中，我们可以与 ChatGPT 多次互动以确保测试计划的有效性。

（6）**最终确认**：经过多轮修改和完善后，将最终版本的测试计划提交给 ChatGPT 进行最后确认。若 ChatGPT 对测试计划无进一步建议，即可认为该计划完备，可开始实施。

通过以上步骤，我们可以利用 ChatGPT 的人工智能和专业知识，高效地制定出一份完善的测试计划。这将为软件项目提供有力的保障，确保测试的顺利进行以及软件质量的提升。图 10-1 是利用 ChatGPT 制订测试计划的流程。

图 10-1　利用 ChatGPT 制订测试计划的流程

我们以 TMS 为例，说明如何利用 ChatGPT 制订测试计划。以下是具体过程。

系统概述

用户需求：某支付公司计划开发 TMS，用以管理部署在各地的 POS 机。主要目的是更好地开展信用卡收单业务，有效管理大量为商户配置的 POS 机。

系统目标：实现对部署在各地的 POS 机进行有效的管理和维护，提高信用卡收单业务的效率和安全性。

系统功能

核心功能：软件管理、密钥管理、设备管理、参数管理；

支撑功能：远程支持、日志管理、通知管理、用户管理。

架构风格

微服务架构：采用微服务架构将系统拆分成多个独立的服务，以提高系统的可维护性和可扩展性。

模块划分

模块名称	模块描述
设备管理	设备信息查询、设备状态监控、设备远程操作等功能
参数管理	参数设置、参数更新、参数查询等功能
软件管理	软件版本控制、软件更新、软件安装和卸载等功能
密钥管理	密钥生成、密钥更新、密钥分发、密钥注销等功能
远程支持	远程连接 POS 机、远程维护等功能
日志管理	POS 机的运行日志记录、日志查询等功能
通知管理	系统更新通知、设备维护通知、操作提示等功能
用户管理	用户注册、登录、权限分配、信息查询和修改等功能

模块的命名规则

模块名称	英文缩写	英文全称
设备管理	Device_Management	Device Management Module
参数管理	Parameter_Management	Parameter Management Module
软件管理	Software_Management	Software Management Module
密钥管理	Key_Management	Key Management Module
远程支持	Remote_Support	Remote Support Module
日志管理	Log_Management	Log Management Module
通知管理	Notification_Management	Notification Management Module
用户管理	User_Management	User Management Module

以上是 TMS 项目背景和高层设计，请帮助检查，是否还需要其他信息才能生成测试计划？

您提供的 TMS 项目背景和高层设计已经相当详细。为了生成测试计划，我们还需要了解一些额外的信息。

系统的非功能需求，例如性能、可用性、安全性和可维护性等方面的需求。这些需求会影响到测试计划中的一些测试用例和测试方法。

系统的部署环境，例如硬件设备、操作系统、数据库、网络环境等。了解这些信息有助于设计适合特定环境的测试用例。

系统的接口和集成需求。如果 TMS 需要与其他系统（如支付网关、银行后台系统等）集成，我们需要了解这些接口的详细信息，以便在测试计划中包含接口和集成测试。

预期的测试类型和范围。请说明需要进行的测试类型（如单元测试、集成测试、系统测试、性能测试、安全测试等），以及测试范围（如需要测试的特定功能、场景等）。

请提供上述信息，以便为您生成更加完整的测试计划。

安全风险：金融 POS 机涉及敏感信息，因此安全性要求较高。在开发过程中，开发人员需要严格遵守 PCI-DSS 认证和品牌认证要求，确保系统的安全性。

性能要求：TMS 需要满足 50 个并发请求和 3s 响应的性能要求，这将对系统架构和性能优化提出挑战。

系统集成：TMS 需要与已经存在的商户信息系统、日志处理服务、通知发送服务和单点登录服务集成。在开发过程中，开发人员需要考虑系统间的兼容性和数据交换问题。

可扩展性：随着业务的发展，TMS 需要具备良好的可扩展性，以支持更多的 POS 机。在设计和开发过程中，开发人员需要考虑系统的可扩展性和可维护性。

TMS 技术栈选择报告

一、后端技术栈选择

编程语言：Go。

Web 框架：Gin HTTP Web。

HTTP 库：net/http。

鉴权与授权：OAuth 2.0、JWT。

API 设计：RESTful 或 GraphQL（根据项目需求选择）。

二、前端技术栈选择

前端框架：Vue 3。

PC 端 UI 组件库：Ant Design Vue、Element Plus。

移动端 UI 组件库：Vant（如需支持移动端访问）。

状态管理：Pinia。

路由管理：Vue Router。

类型检查：TypeScript。

包管理器：pnpm。

构建工具链：Vite。

规范检查：ESLint、Prettier。

三、基础服务集成

日志处理服务：CAL。

通知发送服务：CNS。

单点登录服务：SSO。

部署计划：系统将全部部署在 AWS 云端的 Kubernetes 容器云上。

对外接口：暂时没有外部接口调用。

请根据上述信息生成《TMS 测试计划》。

根据您提供的信息，以下是一个《TMS 测试计划》的草案。

测试目标

验证 TMS 的功能正确性和完整性，确保 TMS 满足性能、可用性、安全性和可维护性等非功能性要求，验证 TMS 与第三方系统（如商户信息系统、CAL、CNS 和 SSO）的集成。

测试范围

设备管理、参数管理、软件管理、密钥管理、远程支持、日志管理、通知管理和用户管理等核心功能的测试。

性能测试、安全测试等针对非功能性需求的测试。

针对 TMS 与第三方系统集成的接口测试。

测试类型

单元测试：对 TMS 中的每个模块进行单元测试，确保代码的正确性和健壮性。

集成测试：验证 TMS 各个模块之间的集成和协作是否正确。

系统测试：对整个 TMS 进行端到端功能测试，确保系统满足用户需求。

性能测试：验证 TMS 是否满足 50 个并发请求和 3s 响应的性能要求。

安全测试：检查 TMS 是否存在安全漏洞，如 SQL 注入、跨站脚本（XSS）攻击等。

接口和集成测试：验证 TMS 与商户信息系统、CAL、CNS 和 SSO 等第三方系统的集成。

测试环境

搭建与生产环境类似的测试环境，包括硬件设备、操作系统、数据库、网络环境等。

在 AWS 云端的 Kubernetes 容器云上部署 TMS。

测试数据

准备充分的测试数据，包括设备、商户、参数、软件版本等相关数据。

根据测试用例和测试场景，生成适用于各种测试类型的测试数据。

测试工具

使用 Junit 等单元测试框架进行单元测试。

使用 Postman 或 Swagger 等 API 测试工具进行接口测试。

使用 JMeter 或 Locust 等性能测试工具进行性能测试。

测试计划执行

分阶段进行测试，如在开发阶段进行单元测试，在集成阶段进行集成测试，在测试阶段进行系统测试、性能测试和安全测试等。

根据项目进度和资源情况，安排合适的测试人员和测试时间。

对测试结果进行跟踪和管理，确保问题得到及时解决。

测试报告

汇总测试结果，撰写测试报告，包括测试概述、测试范围、测试方法、测试环境、测试数据、测试工具、测试进度、缺陷分析和总结等内容。

缺陷管理

对于发现的缺陷，使用缺陷管理工具（如 Jira、Bugzilla 等）进行记录和跟踪。

对缺陷进行分类和优先级评定，安排合适的开发工程师进行修复。

缺陷修复后，重新进行测试，确保问题得到解决。

定期进行缺陷评审，分析缺陷原因，总结经验和教训。

回归测试

在每次发布新版本或修复缺陷后，进行回归测试，确保已修复的缺陷不会再次出现，同时验证系统的整体稳定性。

测试验收

在测试计划执行完毕后，组织项目相关人员对测试结果进行评审，确保 TMS满足项目要求。

在验收阶段，对 TMS 进行用户验收测试（UAT），邀请真实用户参与，验证系统是否满足用户需求。

测试总结和改进

在项目结束后，对测试过程进行总结，分析测试过程中的优点和不足，提出改进措施，为后续项目提供参考。

以上是《TMS 测试计划》的草案，您可以根据实际情况进行调整和完善。

10.2　利用 ChatGPT 生成测试场景

测试场景设计是软件测试过程中的重要环节。通过设计多样化的测试场景，我们可以确保覆盖各种可能的用户操作和系统行为，从而提高软件的质量和可靠性。ChatGPT 作为一款强大的自然语言处理工具，可以在测试场景设计中发挥重要作用，协助测试团队更高效地创建和优化测试场景。以下是利用 ChatGPT 进行测试场景设计的方法。

（1）**理解需求和功能**：需要向 ChatGPT 提供项目需求和功能的详细信息。这有助于 ChatGPT 更好地理解软件的功能和用户需求，从而为测试场景设计提供更有针对性的建议。

（2）**生成测试场景**：在了解需求和功能之后，测试团队可以向 ChatGPT 请求生成针对特定功能模块的测试场景。ChatGPT 会根据提供的信息，自动创建多样化的测试场景，覆盖正常操作、异常操作和边缘案例。

（3）**审阅测试场景**：当 ChatGPT 生成测试场景后，测试团队可以对这些场景进行审阅，确认是否覆盖了所有可能的用户操作和系统行为，如果发现遗漏或不足之处，可以向 ChatGPT 提出修改意见，并要求生成更多的测试场景。

（4）**优化测试场景**：测试团队审阅测试场景过程中也可以利用 ChatGPT 的自然语言处理能力，优化现有的测试场景，例如，可以向 ChatGPT 询问如何将某个测试场景变得更具挑战性，或者如何将多个测试场景组合在一起以提升复杂性。

（5）**反复迭代**：在设计测试场景过程中，测试团队可能需要与 ChatGPT 反复进行互动，生成和优化测试场景。通过多次迭代，测试团队可以确保测试场景的质量和完整性，从而提高软件测试效果。

图 10-2 总结了 ChatGPT 协助生成测试场景的过程。

图 10-2　ChatGPT 协助生成测试场景

我们继续以 TMS 为例，讨论如何利用 ChatGPT 协助生成测试场景。

根据前面针对 TMS 的需求信息和功能描述，生成 TMS 测试场景。

参数管理场景包括配置 POS 机参数、更新 POS 机参数、查询 POS 机参数。

设备管理场景包括分配 POS 机设备、添加 POS 机设备、回收 POS 机设备、监控 POS 机设备状态、禁用 / 启用 POS 机设备。

软件管理场景包括更新 POS 机固件、更新 POS 机软件、查询 POS 机软件和固件版本。

密钥管理场景包括向 POS 机设备注入密钥、修改 POS 机设备密钥、禁用 / 启用 POS 机设备密钥。

远程支持场景包括远程诊断 POS 机问题、远程解决 POS 机问题。

日志管理场景包括收集 POS 机日志、存储 POS 机日志、展示 POS 机日志、分析 POS 机日志。

通知管理场景包括通知管理员关键事件、通知管理员设备状态变化。

用户管理场景包括添加 POS 机管理员、删除 POS 机管理员、修改 POS 机管理员信息、设置 POS 机管理员权限。

列出所有的测试场景和相对应的测试用例。

参数管理场景

测试场景 1.1：配置 POS 机参数。

测试用例 1.1.1：配置有效参数并保存。

测试用例 1.1.2：配置无效参数并尝试保存。

测试场景 1.2：更新 POS 机参数。

测试用例 1.2.1：修改参数为有效值并更新。

测试用例 1.2.2：修改参数为无效值并尝试更新。

测试场景 1.3：查询 POS 机参数。

测试用例 1.3.1：查询已配置的参数。

测试用例 1.3.2：查询未配置的参数。

设备管理场景

测试场景 2.1：分配 POS 机设备。

测试用例 2.1.1：分配未分配的设备。

测试用例 2.1.2：分配已分配的设备。

测试场景 2.2：添加 POS 机设备。

测试用例 2.2.1：添加有效的设备信息。

测试用例 2.2.2：添加无效的设备信息。

测试场景 2.3：回收 POS 机设备。

测试用例 2.3.1：回收已分配的设备。

测试用例 2.3.2：回收未分配的设备。

测试场景 2.4：监控 POS 机设备状态。

测试用例 2.4.1：监控在线设备。

测试用例 2.4.2：监控离线设备。

测试场景 2.5：禁用 / 启用 POS 机设备。

测试用例 2.5.1：禁用已启用的设备。

测试用例 2.5.2：启用已禁用的设备。

软件管理场景

测试场景 3.1：更新 POS 机固件。

测试用例 3.1.1：为设备更新有效固件。

测试用例 3.1.2：为设备更新无效固件。

测试场景 3.2：更新 POS 机软件。

测试用例 3.2.1：为设备更新有效软件。

测试用例 3.2.2：为设备更新无效软件。

测试场景 3.3：查询 POS 机软件和固件版本。

测试用例 3.3.1：查询已更新的设备软件和固件版本。

测试用例 3.3.2：查询未更新的设备软件和固件版本。

密钥管理场景

测试场景 4.1：向 POS 机设备注入密钥。

测试用例 4.1.1：注入有效密钥。

测试用例 4.1.2：注入无效密钥。

测试场景 4.2：修改 POS 机设备密钥。

测试用例 4.2.1：修改为有效密钥。

测试用例 4.2.2：修改为无效密钥。

测试场景 4.3：禁用 / 启用 POS 机密钥。

测试用例 4.3.1：禁用已启用的密钥。

测试用例 4.3.2：禁用已禁用的密钥。

远程支持场景

测试场景 5.1：远程诊断 POS 机问题。

测试用例 5.1.1：诊断已知问题。

测试用例 5.1.2：诊断未知问题。

测试场景 5.2：远程解决 POS 机问题。

测试用例 5.2.1：解决已知问题。

测试用例 5.2.2：解决未知问题。

日志管理场景

测试场景 6.1：收集 POS 机日志。

测试用例 6.1.1：收集正常运行日志。

测试用例 6.1.2：收集异常运行日志。

测试场景 6.2：展示和分析 POS 机日志。

测试用例 6.2.1：展示正确的日志内容。

测试用例 6.2.2：分析日志以发现潜在问题。

通知管理场景

测试场景 7.1：接收关键事件通知。

测试用例 7.1.1：接收正常事件通知。

测试用例 7.1.2：接收异常事件通知。

测试场景 7.2：接收设备状态变化通知。

测试用例 7.2.1：接收设备上线通知。

测试用例 7.2.2：接收设备下线通知。

用户管理场景

测试场景 8.1：添加用户。

测试用例 8.1.1：添加有效用户信息。

测试用例 8.1.2：添加无效用户信息。

测试场景 8.2：删除用户。

测试用例 8.2.1：删除已存在的用户。

测试用例 8.2.2：删除不存在的用户。

测试场景 8.3：修改用户信息和权限。

测试用例 8.3.1：修改为有效用户信息和权限。

测试用例 8.3.2：修改为无效用户信息和权限。

10.3　利用 ChatGPT 生成测试用例

　　测试用例是软件测试中的基本单元，它们帮助测试人员验证软件功能是否满足预期。有效的测试用例需要覆盖正常场景、异常场景和边缘案例，以确保软件质量。使用 ChatGPT 生成测试用例可以提高测试用例质量和测试覆盖率，减少手动编写测试用例的时间。以下是利用 ChatGPT 生成测试用例的详细步骤。

　　（1）**阐述需求和功能**：向 ChatGPT 描述软件项目需求和功能，包括功能需求、性能需求、安全需求等。这将帮助 ChatGPT 更好地理解项目，以便提供更有针对性的建议。

（2）**生成测试用例**：根据所提供的需求和功能信息，ChatGPT会自动生成测试用例。这些测试用例将覆盖正常场景、异常场景和边缘案例，以确保测试全面覆盖。在这个过程中，ChatGPT会考虑软件的不同功能、输入参数和预期输出，从而生成有针对性的测试用例。

（3）**验证测试用例**：生成测试用例后，测试工程师需要对其进行验证，以确保测试用例符合要求，如果发现测试用例不符合要求，可以向ChatGPT反馈，以便进行优化。这个过程可能需要多次迭代，以确保测试用例的质量和有效性。

（4）**应用测试用例**：将验证后的测试用例应用于软件测试过程。这些测试用例可以用于手动测试或自动测试，有助于提高测试的有效性和覆盖率。借助ChatGPT生成测试用例，测试工程师可以专注于更复杂的场景和非功能需求，从而提高软件测试质量。

（5）**跟踪和优化**：在测试过程中，测试工程师可能需要根据实际情况对测试用例进行调整和优化。通过与ChatGPT的反复互动获取更多的建议和指导。持续优化测试用例可以确保测试始终保持高质量和高效率。

图10-3总结了ChatGPT协助生成测试用例的过程。

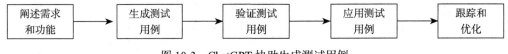

图10-3　ChatGPT协助生成测试用例

我们继续以TMS为例，讨论如何利用ChatGPT来协助生成测试用例。

需求概述

服务对象：支付公司部署在各地的POS机。

目标用户：支付公司内部的POS机管理者。

主要功能：软件管理、密钥管理、设备管理、参数管理。

用户规模：5个POS机管理员。

终端数量：目前已经有100万台POS机。

性能要求：50个并发请求、3s响应。

安全要求：能通过 PCI-DSS 认证和品牌认证。

扩展要求：可以随着业务的发展无障碍扩展。

TMS 的功能包括参数管理配置和更新终端 POS 机的参数。

设备管理：设备的分配、添加、回收、监控与禁用。

软件管理：设备的固件和软件升级。

密钥管理：从远程向 POS 设备注入、修改与禁用密钥。

远程支持：在发现 POS 机问题时可以远程解决。

日志管理：收集、存储、展示和分析 POS 机日志。

通知管理：通知管理员关键事件和设备状态变化。

用户管理：添加、删除、修改用户信息和权限等。

基于以上提供的 TMS 需求描述，请生成测试用例，要求覆盖正常场景、异常场景和边缘案例。

以下是针对 TMS 功能生成的测试用例。

1. 参数管理

1.1　配置终端 POS 机参数

正常场景：正确配置 POS 机参数并保存。

异常场景：输入错误或不合规的参数值。

边缘案例：配置极端数值或边界值的参数。

1.2　更新终端 POS 机参数

正常场景：正确更新 POS 机参数并保存。

异常场景：更新时输入错误或不合规的参数值。

边缘案例：更新为极端数值或边界值的参数。

2. 设备管理

2.1　分配设备

正常场景：将 POS 机分配给合适的管理员。

异常场景：分配已分配的设备或分配给不存在的管理员。

边缘案例：分配大量 POS 设备。

2.2 添加设备

正常场景：成功添加 POS 机到系统中。

异常场景：添加重复的设备或输入错误的设备信息。

边缘案例：添加大量 POS 设备。

2.3 回收设备

正常场景：成功回收 POS 机。

异常场景：尝试回收不存在或已回收的设备。

边缘案例：回收大量 POS 设备。

2.4 监控设备

正常场景：实时监控 POS 机状态和性能。

异常场景：监控不存在或禁用的设备。

边缘案例：监控大量 POS 设备。

2.5 禁用设备

正常场景：成功禁用 POS 机。

异常场景：尝试禁用不存在或已禁用的设备。

边缘案例：禁用大量 POS 设备。

3. 软件管理

3.1 固件升级

正常场景：成功升级 POS 机固件。

异常场景：尝试使用错误或不兼容的固件升级。

边缘案例：升级大量 POS 设备的固件。

3.2 软件升级

正常场景：成功升级 POS 机软件。

异常场景：尝试使用错误或不兼容的软件升级。

边缘案例：升级大量 POS 设备的软件。

4. 密钥管理

4.1 注入密钥

正常场景：成功向 POS 机注入密钥。

异常场景：尝试注入错误或不合规的密钥。

边缘案例：注入的密钥为极端数值或边界值。

4.2　修改密钥

正常场景：成功修改 POS 机密钥。

异常场景：尝试修改为错误或不合规的密钥。

边缘案例：修改密钥为极端数值或边界值。

4.3　禁用密钥

正常场景：成功禁用 POS 机的密钥。

异常场景：尝试禁用不存在或已禁用的密钥。

边缘案例：禁用大量 POS 设备的密钥。

5. 远程支持

5.1　远程诊断

正常场景：成功远程诊断 POS 机问题。

异常场景：尝试诊断不存在或禁用的 POS 设备。

边缘案例：同时诊断大量 POS 设备。

5.2　远程解决问题

正常场景：成功远程解决 POS 机问题。

异常场景：尝试解决不存在或禁用的 POS 设备的问题。

边缘案例：同时解决大量 POS 设备的问题。

6. 日志管理

6.1　收集日志

正常场景：成功收集 POS 机日志。

异常场景：尝试收集不存在或禁用的 POS 设备的日志。

边缘案例：收集大量 POS 设备的日志。

6.2　存储和展示日志

正常场景：成功存储和展示 POS 机日志。

异常场景：尝试展示不存在或禁用的 POS 设备的日志。

边缘案例：展示大量 POS 设备的日志。

6.3 分析日志

正常场景：成功分析 POS 机日志。

异常场景：尝试分析不存在或禁用的 POS 设备的日志。

边缘案例：分析大量 POS 设备的日志。

7. 通知管理

7.1 通知管理员

正常场景：成功通知管理员关键事件和 POS 设备状态变化。

异常场景：尝试通知不存在的管理员。

边缘案例：大量通知同时触发。

8. 用户管理

8.1 添加用户

正常场景：成功添加用户并分配权限。

异常场景：尝试添加重复用户或输入错误的用户信息。

边缘案例：添加大量用户。

8.2 删除用户

正常场景：成功删除用户。

异常场景：尝试删除不存在的用户。

边缘案例：删除大量用户。

8.3 修改用户信息和权限

正常场景：成功修改用户信息和权限。

异常场景：尝试修改不存在的用户的信息和权限。

边缘案例：同时修改大量用户的信息和权限。

这些测试用例覆盖了 TMS 核心功能。执行这些测试用例时，请确保考虑性能、安全和扩展性要求。以下是针对这些要求的一些建议。

9. 性能测试

9.1 响应时间

正常场景：在 50 个并发请求下，系统响应时间不超过 3s。

异常场景：在超过 50 个并发请求下，观察系统响应时间。

边缘案例：在极端并发请求下，测试系统的响应时间。

9.2　事务处理速度

正常场景：在 50 个并发请求下，系统处理速度达到要求的 TPS。

异常场景：在超过 50 个并发请求下，观察系统处理速度。

边缘案例：在极端并发请求下，测试系统的处理速度。

10. 安全测试

10.1　PCI-DSS 认证

按照 PCI-DSS 标准测试系统安全性，确保符合要求。

10.2　品牌认证

按照品牌安全标准测试系统安全性，确保符合要求。

10.3　数据加密和访问控制

测试数据加密和访问控制功能，确保敏感数据安全。

11. 水平扩展性测试

11.1　水平扩展

测试系统是否可以通过添加资源（如服务器、存储等）来扩展处理能力。

边缘案例：在极端资源请求下，测试系统扩展性。

执行这些测试用例将有助于确保 TMS 满足性能、安全和扩展性要求，从而更好地支持业务发展。

10.4　利用 ChatGPT 生成测试数据

测试数据是软件测试过程中的关键要素，它直接影响测试用例的有效性和覆盖率。合适的测试数据可以帮助测试人员发现潜在的缺陷，提高软件质量。然而，手动生成测试数据通常是一项繁杂、耗时而且容易出错的工作。测试工程师可以借助 ChatGPT 自动生成测试数据，同时根据测试需求和约束条件生成特定的数据集。借助 ChatGPT 生成测试数据的一些建议和步骤总结如下。

（1）**阐述需求和功能**：向 ChatGPT 描述项目需求和功能，包括功能需求、性能需求和安全需求等，此外，还需提供测试数据的约束条件，如数据类型、数据范围、数据分布等。

（2）**生成测试数据**：根据提供的需求和约束条件，ChatGPT 会自动生成一组测试数据。这些数据可以包括正常情况下的数据、边界条件下的数据以及异常情况下的数据。通过这种方式，ChatGPT 能够提供全面、有针对性的测试数据，以满足不同场景的测试需求。

（3）**验证测试数据**：生成测试数据后，测试工程师需要验证这些数据是否符合需求和约束条件，若发现不符合要求的数据，可以向 ChatGPT 反馈，以便优化数据生成算法。此过程可能需要多次迭代，以确保生成高质量的测试数据。

（4）**应用测试数据**：在验证测试数据无误后，将其应用于测试用例。这些数据可以作为输入，也可以作为预期结果。使用 ChatGPT 生成的测试数据可以提高测试用例的有效性和覆盖率，从而提升整个测试质量。

图 10-4 总结了使用 ChatGPT 协助生成测试数据的过程。

图 10-4　ChatGPT 协助生成测试数据

我们继续以 TMS 为例，讨论如何利用 ChatGPT 生成测试数据。

请根据上面的信息生成 10 条测试数据用于测试 TMS 的设备管理模块，要包括正常情况下的数据、边界条件下的数据以及异常情况下的数据。

结果以表格的形式输出。

设备 ID	设备序列号	设备状态	设备型号	设备位置	商户 ID	创建时间	更新时间
1	SN00001	正常	TMS-A100	A 区 -1 楼	101	2022/01/01 10:00	2022/01/01 10:00
2	SN00002	故障	TMS-A100	A 区 -2 楼	102	2022/01/05 14:00	2022/01/05 14:00
3	SN00003	离线	TMS-A200	B 区 -1 楼	101	2022/01/10 10:00	2022/01/10 10:00

（续）

设备 ID	设备序列号	设备状态	设备型号	设备位置	商户 ID	创建时间	更新时间
4	SN00004	正常	TMS-A200	B 区 -2 楼	103	2022/01/15 10:00	2022/01/15 10:00
5	SN00005	正常	TMS-A300	C 区 -1 楼	104	2022/01/20 10:00	2022/01/20 10:00
6	SN00006	故障	TMS-A100	C 区 -2 楼	102	2022/01/25 10:00	2022/01/25 10:00
7	SN00007	离线	TMS-A200	D 区 -1 楼	105	2022/01/30 10:00	2022/01/30 10:00
8	SN00008	正常	TMS-A300	D 区 -2 楼	101	2022/02/04 10:00	2022/02/04 10:00
9	SN00009	离线	TMS-A100	E 区 -1 楼	104	2022/02/09 10:00	2022/02/09 10:00
10	SN00010	故障	TMS-A200	E 区 -2 楼	103	2022/02/14 10:00	2022/02/14 10:00

请把以上测试数据插入基于 MySQL 的 TMSDB。

```
INSERT INTO devices (id, serial_number, status, model, location, merchant_
  id, created_at, updated_at) VALUES
(1, 'SN00001', ' 正常 ', 'TMS-A100', 'A 区 -1 楼 ', 101, '2022-01-01 10:00:00',
  '2022-01-01 10:00:00'),
(2, 'SN00002', ' 故障 ', 'TMS-A100', 'A 区 -2 楼 ', 102, '2022-01-05 14:00:00',
  '2022-01-05 14:00:00'),
(3, 'SN00003', ' 离线 ', 'TMS-A200', 'B 区 -1 楼 ', 101, '2022-01-10 10:00:00',
  '2022-01-10 10:00:00'),
(4, 'SN00004', ' 正常 ', 'TMS-A200', 'B 区 -2 楼 ', 103, '2022-01-15 10:00:00',
  '2022-01-15 10:00:00'),
(5, 'SN00005', ' 正常 ', 'TMS-A300', 'C 区 -1 楼 ', 104, '2022-01-20 10:00:00',
  '2022-01-20 10:00:00'),
(6, 'SN00006', ' 故障 ', 'TMS-A100', 'C 区 -2 楼 ', 102, '2022-01-25 10:00:00',
  '2022-01-25 10:00:00'),
(7, 'SN00007', ' 离线 ', 'TMS-A200', 'D 区 -1 楼 ', 105, '2022-01-30 10:00:00',
  '2022-01-30 10:00:00'),
(8, 'SN00008', ' 正常 ', 'TMS-A300', 'D 区 -2 楼 ', 101, '2022-02-04 10:00:00',
  '2022-02-04 10:00:00'),
(9, 'SN00009', ' 离线 ', 'TMS-A100', 'E 区 -1 楼 ', 104, '2022-02-09 10:00:00',
  '2022-02-09 10:00:00'),
(10, 'SN00010', ' 故障 ', 'TMS-A200', 'E 区 -2 楼 ', 103, '2022-02-14 10:00:00',
  '2022-02-14 10:00:00');
```

表 10-1 展示了利用 ChatGPT 生成的一些针对 TMS 的测试数据，包括正常情况下的数据、边界条件下的数据以及异常情况下的数据。请注意，这里仅展示了部分测试数据，实际测试时可能需要更多数据。

表 10-1　利用 ChatGPT 生成的一些针对 TMS 的测试数据

测试类型	设备 ID	用户 ID	参数名称	参数值	软件版本	密钥类型	密钥值
正常	DEV-0001	U001	A-Param	25	1.2.0	TDES	0123456789ABCDEF01234 56789ABCDEF
正常	DEV-1000	U002	B-Param	TRUE	1.3.1	AES	00112233445566778899AA BBCCDDEEFF
正常	DEV-0300	U003	C-Param	Hello	1.4.0	RSA	1234567890ABCDEF12345 67890ABCDEF
边界	DEV-9999	U004	A-Param	0	1.2.0	TDES	0123456789ABCDEF01234 56789ABCDEF
边界	DEV-1001	U005	A-Param	−1	1.3.1	AES	00112233445566778899AA BBCCDDEEFF
异常	DEV-X001	U999	A-Param	Invalid Value	1.4.0	RSA	1234567890ABCDEF12345 67890ABCDEF
异常	DEV-0100	U001	Z-Param	1234567890	0.0.0	Unknown	0

10.5　利用 ChatGPT 进行缺陷管理和回归测试

缺陷管理和回归测试是软件测试过程中的关键环节，旨在发现并修复软件中的缺陷，确保软件质量。借助 ChatGPT 强大的自然语言处理能力，测试工程师可以在缺陷管理和回归测试中实现高效协同工作。以下是 ChatGPT 在缺陷管理和回归测试中的具体应用步骤。

（1）**缺陷报告生成**：测试人员发现软件中存在缺陷时，可以利用 ChatGPT 生成详细的缺陷报告。测试工程师向 ChatGPT 描述缺陷的现象、触发条件、复现步骤和影响范围等具体信息，以便 ChatGPT 根据所提供的信息生成规范的缺陷报告。

（2）**缺陷分类和优先级评估**：在生成缺陷报告后，测试工程师可以利用 ChatGPT 对缺陷进行分类和优先级评估。ChatGPT 可以根据其内置的知识库，为缺陷分配合适的类别，并根据缺陷的影响范围、严重程度等因素评估其优先级。

（3）**缺陷修复建议**：在修复缺陷的过程中，开发工程师可以向 ChatGPT 咨询关于修复缺陷方案的具体建议。ChatGPT 将根据其内置的知识库，为开发工程师提供合适的修复方案。

（4）**回归测试用例设计**：当缺陷被修复后，测试工程师需要进行回归测试，以确保修复方案的有效性和软件功能的稳定性。此时，测试工程师可以利用 ChatGPT 根据修复的缺陷生成有针对性的回归测试用例，测试范围覆盖修复后的功能及其相关的影响。

（5）**回归测试结果分析**：在完成回归测试后，测试工程师可以向 ChatGPT 提供测试结果，让其对结果进行分析。ChatGPT 可以根据所提供的信息判断修复方案是否有效，以及是否需要进一步优化和测试。

（6）**缺陷跟踪和管理**：如图 10-5 所示，在整个缺陷管理和回归测试过程中，测试工程师可以利用 ChatGPT 进行缺陷的跟踪和管理。ChatGPT 可以提醒测试工程师关注未解决的缺陷，并在修复过程中提供持续的支持和建议。

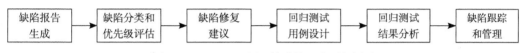

图 10-5　ChatGPT 用于缺陷管理和回归测试

10.6　利用 ChatGPT 为自动化测试提供建议

自动化测试是提高软件测试效率和覆盖率的重要途径。借助于 ChatGPT，我们可以在自动化测试各个方面获得有价值的建议。以下是 ChatGPT 在提供自动化测试建议中的具体应用。

（1）**选择测试框架**：测试框架的选择对自动化测试的成功至关重要。测试工程师向 ChatGPT 描述项目需求、技术栈和团队技能等信息，根据其建议选择最适合项目的测试框架。ChatGPT 可以根据其知识库推荐诸如 Selenium、Appium、JUnit、TestNG 等合适的测试框架。

（2）**设计自动化测试策略**：在实施自动化测试之前，测试工程师需要设计一个有效的自动化测试策略。通过与 ChatGPT 讨论项目需求、团队能力和资源限制等因素，测试工程师可以确定如何进行自动化测试、测试哪些功能以及如何分配具体任务等。

（3）**编写自动化测试脚本**：在编写自动化测试脚本的过程中，测试工程师可以向 ChatGPT 咨询编程技巧、最佳实践和常见问题等。ChatGPT 可以根据其知识库提供脚本编写的指导和优化建议。

（4）**优化自动化测试过程**：在执行自动化测试时，测试工程师可以利用 ChatGPT

对自动化测试过程进行持续优化，具体为向 ChatGPT 提供测试结果和运行情况，并且根据其分析和建议，调整测试脚本、测试策略和资源分配等，以提高自动化测试效率和质量。

（5）**集成 CI/CD 流程**：ChatGPT 可以协助测试工程师和应用部署工程师，对自动化测试脚本与 CI/CD 流程进行集成，具体为根据描述的项目使用的 CI/CD 工具和流程，提出关于如何集成 CI/CD 流程、调整测试频率和监控测试结果等方面的建议。

（6）**生成和分析测试报告**：在自动化测试完成后，测试工程师可以利用 ChatGPT 生成和分析测试报告。向 ChatGPT 提供测试结果和日志，它可以帮助生成详细的测试报告，并对测试结果进行深入分析，以识别潜在的问题和提出改进的方向。

如图 10-6 所示，通过以上方法，测试工程师可以充分发挥 ChatGPT 在自动化测试过程中的作用，提高自动化测试效率和质量。这将有助于确保软件达到更高的质量标准。

图 10-6　ChatGPT 为自动化测试提供建议

10.7　ChatGPT 生成测试报告

测试报告是对整个测试过程和结果的记录与分析，它对于评估软件质量、指导项目进展和改进测试方法具有重要作用。利用 ChatGPT 生成测试报告不但可以节省时间、提高报告的质量，还能确保报告内容的准确性和一致性。本节将详细讨论如何利用 ChatGPT 生成测试报告。

（1）**生成测试概述**：通过向 ChatGPT 提供项目的相关信息，包括项目的名称、目标、测试范围、测试方法、测试团队等，以便让 ChatGPT 生成一个简洁明了的测试概述。

（2）**提供测试结果**：向 ChatGPT 提供测试结果数据和统计信息，例如，测试用例执行情况、通过率、缺陷数量和分布等。ChatGPT 可以根据所提供的数据生成详细的测试结果分析，包括各个模块的测试情况、缺陷类型和严重程度等。

（3）**生成问题描述**：针对测试过程中发现的缺陷和问题，ChatGPT 编写详细的问题描述，具体为根据缺陷信息，如缺陷编号、缺陷类型、缺陷级别、重现步骤、期望结果和实际结果等，自动生成清晰、准确的问题描述。

（4）**生成问题解决方案**：与 ChatGPT 互动，讨论针对发现的缺陷和问题的解决方案。ChatGPT 可以根据其知识库提供合理的解决建议，并帮助记录解决方案。

（5）**生成测试总结**：在测试报告的最后，可以让 ChatGPT 生成一个测试总结，对整个测试过程进行评估。这部分通常包括测试目标的达成情况、软件质量状况、测试过程中的挑战和经验教训等。

（6）**提供建议**：向 ChatGPT 寻求针对项目的改进建议。这些建议可能涉及测试方法、测试工具、测试流程或者团队协作等方面。ChatGPT 可以提供具有针对性的改进建议，以便持续优化测试过程并提高软件质量。

如图 10-7 所示，通过以上步骤，我们可以利用 ChatGPT 的强大功能和专业知识库，高效地生成一份详尽的测试报告。这将有助于更好地了解项目状况、评估软件质量，并为项目的持续改进提供指导。

图 10-7　利用 ChatGPT 生成测试报告

10.8　小结

本章介绍了如何在软件测试过程中利用 ChatGPT。通过 ChatGPT 强大的自然语言处理能力和丰富的知识储备，测试工程师可以在测试计划制订、测试场景生成、测试用例生成、测试数据生成、缺陷管理和回归测试、自动化测试建议提供以及测试报告生成等方面实现高效协同，不但可以提高测试效率和软件质量，而且可以降低测试风险，并能更好地了解和掌握项目状况。总而言之，我们期待 ChatGPT 成为推动软件测试发展和确保软件质量的强大工具。

第 11 章

ChatGPT 驱动系统运维

本章将讨论如何在系统运维中应用 ChatGPT，包括系统监控、故障定位、性能优化以及漏洞检测等方面。我们将详细探讨如何借助 ChatGPT 的自然语言理解和生成能力，辅助运维团队以智能化和自动化的方式更加高效地完成任务。通过阅读本章，您将有机会了解 ChatGPT 在系统运维中的应用潜力，以及如何将其融入实际的运维工作，以提高系统的稳定性、性能和安全性。

11.1 ChatGPT 在系统监控中的应用

ChatGPT 可以有效地理解自然语言，从而帮助系统运维团队在大量日志、告警和报告中提取关键信息，识别并判断趋势。ChatGPT 经过了大量数据训练，所以能够识别出不同系统和应用的正常与异常模式，从而更准确地发现潜在问题。ChatGPT 具有持续学习和自适应能力，可以随着时间推移不断提高其在系统监控方面的准确性和效率。下面将通过实例来说明 ChatGPT 在系统监控中的应用。

ChatGPT 可以分析系统日志，检测潜在的异常或错误，例如网络连接问题、磁盘空间不足、CPU 使用率过高等。它可以通过学习过往的系统行为，识别出正常和异常模式，并且可以配合相关的监控报警系统，在异常出现时发出警报或者自动采取必要的行动。

你将作为一个数据分析员，分析我给你的折线图散点情况。我将给你一个 Pod 的 15min 内 CPU 使用率情况，请根据 value 的值来判断该 CPU 使用率整体是持续增长、持续下降还是正常波动。

```
[{time: 2023-04-23 01:29:30, value: 0.025000},
{time: 2023-04-23 01:29:34, value: 0.026311},
{time: 2023-04-23 01:29:38, value: 0.027622},
{time: 2023-04-23 01:29:42, value: 0.028934},
{time: 2023-04-23 01:29:46, value: 0.032833},
{time: 2023-04-23 01:29:50, value: 0.034274},
{time: 2023-04-23 01:29:54, value: 0.035715},
{time: 2023-04-23 01:29:58, value: 0.040097},
{time: 2023-04-23 01:30:02, value: 0.041666},
{time: 2023-04-23 01:30:06, value: 0.043234},
{time: 2023-04-23 01:30:10, value: 0.044803},
{time: 2023-04-23 01:30:14, value: 0.049550},
{time: 2023-04-23 01:30:18, value: 0.051236},
{time: 2023-04-23 01:30:22, value: 0.052923},
{time: 2023-04-23 01:30:26, value: 0.058880},
{time: 2023-04-23 01:30:30, value: 0.060710},
{time: 2023-04-23 01:30:34, value: 0.062539},
○○○○○○○○○○○○○○○○○○
{time: 2023-04-23 01:30:38, value: 0.068119},
{time: 2023-04-23 01:39:14, value: 0.508209},
{time: 2023-04-23 01:39:18, value: 0.513134},
{time: 2023-04-23 01:39:22, value: 0.523171},
{time: 2023-04-23 01:39:26, value: 0.523171},
{time: 2023-04-23 01:39:30, value: 0.529007}]
```

根据给出的折线图和散点图，可以看出 Pod 的 CPU 使用率整体是持续增长的。

首先，根据所提供的数据可以看到，CPU 使用率的值呈现出持续增长的趋势，而不是随机或波动的趋势。其次，数据数量不少，样本量相对较大，说明数据分析结果相对可靠。基于上述分析，可以得出结论：该 Pod 的 CPU 使用率整体上是持续增长的。

上面的案例充分说明 ChatGPT 可以对从系统中采集的数据进行趋势判断，了解什么是正常，什么是异常。进一步，系统运维工程师可以让 ChatGPT 自动判断并且做出预警响应或者预先定义的响应动作。

另外，ChatGPT 也可以基于采集到的数据，分析判断系统资源配置是否合理。如果不合理，ChatGPT 可以给出优化后的合理配置。以下是一个关于容器集群资源配置优化的案例。

我有一个 Web 应用部署在 Kubernetes 容器集群上，其中 CPU 资源的使用上限（Limit）设置为 1C（1000m），请求（Request）设置为 100m（Limit 的 10%）。该应用在 7 天内 CPU 的最大使用率为 0.0025，即 2.5m，平均值为 0.0006（即 0.6m）。请帮忙分析一下该应用资源（Resource）的设置是否合理？如果不合理，请推荐合理的值。

从你提供的信息来看，该 Web 应用在 Kubernefes 集群中的 CPU 资源设置可能不太合理。首先，应用在过去 7 天内 CPU 的最大使用率为 0.0025（2.5m），平均值为 0.6m。这说明应用实际使用的 CPU 资源远低于为其分配的 CPU 资源。

在这种情况下，你可以重新评估并优化 CPU 资源设置。我们可以根据实际使用情况降低 CPU 资源限制和请求，以提高资源利用率并减少浪费。具体调整方法如下。

根据应用的实际使用情况，将 CPU Limit 从 1C 降低到更低的值。例如，你可以将其降低到 200m（0.2C）或 250m（0.25C），留出一定的余量，以应对突然增长的需求。这样可以避免因为应用实际使用的 CPU 资源远低于为其分配的 CPU 资源而造成的资源浪费。

将 CPU Request 从 100m 降低到更低的值。假设将 CPU Limit 设置为 250m，你可以将 CPU Request 设置为 50m（Limit 的 20%），这样既能保证应用获得所需的基本资源，又能保证在资源不足时有一定的弹性。

当然，你需要根据实际应用的性能要求、负载波动以及预期的资源利用率等因素来调整这些值。此外，你还需要持续监控资源使用情况，并在必要时进行进一步调整。这样可以确保资源配置既合理又灵敏，以满足应用需求。

从上面的案例中可以看出，ChatGPT 不仅拥有强大的趋势判断能力，而且可以根据趋势帮助系统运维工程师选择和设置合理的资源配置参数。通过将 ChatGPT 应用于系统监控，系统运维团队可以利用其自然语言理解和生成能力，监控系统资源使用趋势，并在必要的情况下，协助优化和设置更加合理的参数，从而提高系统的稳定性与可靠性。

11.2　ChatGPT 在故障定位中的应用

在系统运维领域，故障定位是关键任务之一。它直接影响系统的稳定性和运行效率。ChatGPT 作为一款强大的自然语言处理模型，在故障定位方面的应用具有很大潜力。ChatGPT 首先对应用日志、系统日志和告警信息进行自然语言处理，然后分析发生故障的根本原因，从而更快地定位问题，减少故障的持续时间和影响范围。以下是借助 ChatGPT 进行故障定位的案例。

ContainerStatuses 是 Kubernetes 中用于描述 Pod 中容器状态的对象。每个 Pod 可以包含多个容器，每个容器的状态都可以通过 ContainerStatuses 对象进行描述。下面的信息来自某个 Pod 的 ContainerStatuses，请帮忙分析一下。

```
terminated: exitCode:143
reason: "Error"
startedAt: "2023-03-28T15:22:46Z"
finishedAt: "2023-04-04T11:55:35Z"
```

根据给出的信息，我们可以得出以下结论。

1. 容器已经终止（terminated）：这意味着容器不再运行。在这种情况下，容器可能已经成功完成了任务，也可能发生了错误而退出。

2. 终止码为 143：由于 exitCode 为 143，我们可以得出容器是被 Kubernetes 强制终止的，这通常是由于超时、OOM（内存不足）或操作系统级别的信号等导致的。

3. 终止原因为 Error：这意味着在容器运行期间发生了错误，导致容器无法继续运行。

4. 容器的启动时间为 2023-03-28T15:22:46Z，终止时间为 2023-04-04T11:55:35Z：这表明该容器运行了大约 7 天，期间发生了错误并被 Kubernetes 强制终止。

基于以上分析，我们可以进一步深入研究容器终止的原因，并采取措施以确保该容器能够正常运行。

请帮我分析一下下面的错误信息。

```
wxpos recordQuery unhandle exception:MySql.Data.MySqlClient.MySqlException
(0x80004005): Fatal error encountered during data read.
---> MySql.Data.MySqlClient.MySqlException (0x80004005): Reading from the
stream has failed.
---> System.IO.IOException: Unable to read data from the transport
connection: Connection timed out.
---> System.Net.Sockets.SocketException (110): Connection timed out
at System.Net.Sockets.NetworkStream.Read(Span`1 buffer)
--- End of inner exception stack trace ---
at System.Net.Sockets.NetworkStream.Read(Span`1 buffer)
at System.Net.Security.SslStream.EnsureFullTlsFrameAsync[TIOAdapter]
(TIOAdapter adapter)
at System.Net.Security.SslStream.ReadAsyncInternal[TIOAdapter](TIOAdapter
adapter, Memory`1 buffer)
at System.Net.Security.SslStream.Read(Byte[] buffer, Int32 offset, Int32
count)
at MySql.Data.MySqlClient.TimedStream.Read(Byte[] buffer, Int32 offset,
Int32 count)
at MySql.Data.MySqlClient.MySqlStream.ReadFully(Stream stream, Byte[]
buffer, Int32 offset, Int32 count)
at MySql.Data.MySqlClient.MySqlStream.LoadPacket()
at MySql.Data.MySqlClient.MySqlStream.LoadPacket()
at MySql.Data.MySqlClient.MySqlStream.ReadPacket()
at MySql.Data.MySqlClient.NativeDriver.FetchDataRow(Int32 statementId,
Int32 columns)
at MySql.Data.MySqlClient.ResultSet.GetNextRow()
at MySql.Data.MySqlClient.ResultSet.NextRow(CommandBehavior behavior)
```

```
at MySql.Data.MySqlClient.MySqlDataReader.Read()
at MySql.Data.MySqlClient.MySqlDataReader.Read()
at System.Data.Common.DbDataReader.ReadAsync(CancellationToken
cancellationToken)
--- End of stack trace from previous location ---
at Dapper.SqlMapper.QueryAsync[T](IDbConnection cnn, Type effectiveType,
CommandDefinition command) in /_/Dapper/SqlMapper.Async.cs:line 436
at StarPayQR.Models.CPM.MYSQLDataBaseService.QueryRecordsAsync(String
entName, String shopName, String deviceNo, DateTime beginTime, DateTime
endTime, String tradeState, String tradeRefvNo, String tradeType,
String entAbbr, String shopAbbr) in /StarPayQR/qr/StarPayQR/Models/CPM/
MYSQLDataBaseService.cs:line 2092
at StarPayQR.Models.CPM.WxbsDataService.QueryRecordsAsync(String entName,
String shopName, String deviceNo, DateTime beginTime, DateTime endTime,
String tradeState, String tradeRefvNo, String tradeType) in /StarPayQR/
qr/StarPayQR/Models/CPM/WxbsDataService.cs:line 2406
at StarPayQR.Controllers.CPM.WxposBiz.RecordQueryAsync(WxposRecordQuery
param) in /StarPayQR/qr/StarPayQR/Controllers/CPM/WxposBiz.cs:line 1977
at StarPayQR.Controllers.CPM.wxposController.recordQuery() in /StarPayQR/
qr/StarPayQR/Controllers/CPM/wxposController.cs:line 438
```

从给出的错误堆栈信息来看，这个问题出现在尝试从 MySQL 数据库读取数据时。具体来说，出现了一个超时错误（Connection timed out）。这可能是由以下几个原因导致的。

网络连接问题：数据库服务器可能遇到了网络连接问题，导致无法正常响应请求。请检查您的服务器和数据库之间的网络连接是否稳定。

数据库服务器负载过高：数据库服务器可能正承受着高负载，导致响应速度变慢。这种情况下，您可以考虑优化数据库性能、增加数据库服务器的硬件资源或使用负载均衡技术来分担负载。

SQL 查询性能问题：查询本身可能存在性能问题，导致响应时间过长。这种情况下，您可以考虑优化 SQL 查询，例如添加索引、优化表结构、优化查询语句等。

超时时间设置过短：如果您的应用程序或数据库客户端设置了较短的超时时间，可能会在数据读取过程中出现超时现象。这种情况下，您可以尝试延长超时时间。

要解决这个问题，您可以尝试以下方法。

检查服务器和数据库之间的网络连接，确保它们之间的通信是稳定的。

监控数据库服务器的负载情况，如果负载过高，请考虑采取措施优化数据库性能或增加服务器资源。

优化 SQL 查询，尝试通过添加索引、优化表结构和查询语句来提高查询性能。

调整应用程序或数据库客户端的超时设置，以应对可能出现的网络延时或数据库服务器的繁忙情况。

如果问题仍然存在，您可以考虑与网络管理员或数据库服务提供商联系，以获取更多关于这个问题的信息。

我发现了下面这个错误信息，不太理解意味着什么，请帮忙解释。

```
RPayHelper.Pay() - Invalid response from MKPay-778X6HI40003P20230412113031:
 An invalid response was received from the upstream server
```

从错误信息来看，这是与 MKPay 接口相关的问题。错误消息表示从上游服务器收到了无效的响应。这可能是由以下原因导致的。

MKPay API 服务器可能遇到了内部错误或者暂时性故障。这种情况下，您可以稍后再尝试发送请求。

您的请求可能包含了无效的参数或格式错误。请检查您的请求参数是否正确，以及它们是否符合 MKPay API 的要求。

您的应用程序可能没有正确处理 MKPay API 的响应。请检查您的应用程序是否正确解析了从 MKPay API 接收到的数据。

为了解决这个问题，您可以采取以下措施。

检查您的请求参数和格式，确保它们符合 MKPay API 的要求。查阅官方文档，以获取详细的参数和格式要求。

在代码中添加日志，以便查看从 MKPay API 收到的原始响应。这将帮助您了解问题所在，以及是否需要调整请求参数或处理响应的方式。

如果问题仍然存在,您可以考虑联系 MKPay 支持团队,提供详细的错误信息以及您收到的原始响应,以便协助您解决问题。

以下是我在应用日志中发现的一个问题,请帮忙分析一下。

```
MchposBiz.Refund() Error from NinePay: return_code=SUCCESS, return_msg=OK,
    result_code=FAIL, err_code=FREQUENCY_LIMITED, err_code_des= 你的操作过于频繁,
    请稍后再试。
```

从错误信息来看,这是与 NinePay API 相关的问题。错误代码 FREQUENCY_LIMITED 表示您的操作过于频繁,需要稍后再试。这可能是由以下原因导致的。

您的应用程序在短时间内发送了过多的请求给 NinePay API。很多 API 服务会对调用次数进行限制,以防滥用系统资源。请检查您的应用程序是否在短时间内大量调用 NinePay API。

如果您在测试环境中遇到此问题,请注意测试环境可能比生产环境对 API 调用频率的限制更为严格,可在测试环境中调整您的请求频率,或者在生产环境中进行测试。

为了解决这个问题,您可以采取以下措施。

在代码中添加延时限制,降低 API 请求频率。例如,您可以使用 time.sleep() 方法来控制请求之间的时间间隔。

检查您的应用程序是否存在不必要的重复调用。如果某些请求可以避免或合并,尝试优化代码以减少 API 调用次数。

如果问题仍然存在,可以考虑联系 NinePay 支持团队,了解更多关于频率限制的信息,以便调整您的应用程序来适应这些限制。

综上所述,利用 ChatGPT 进行故障定位可以帮助系统运维团队更快地发现和解决系统问题,从而提高系统的稳定性和运行效率。善用 ChatGPT 进行故障定位将使企业和组织能够更高效地处理故障,缩短系统停机时间,提高整体的业务连续性。

11.3　ChatGPT 在性能优化中的应用

在系统运维过程中，性能优化是至关重要的一环。ChatGPT 在系统性能优化过程中，可以根据系统的性能数据识别出可能存在的性能瓶颈和优化空间；通过深入理解日志、监控指标以及其他相关数据，可以提供有针对性的优化建议，例如，根据系统的状态自动调整负载均衡策略和内存管理参数。总之，ChatGPT 通过发挥智能诊断与建议的重要作用，可以帮助系统运维团队更高效地优化性能，确保系统始终保持在最佳状态，为用户提供良好的服务体验。

下面以一个案例来说明 ChatGPT 在性能优化中的应用。有一个网站专门用来展示南川地区的商户、超级市场、餐馆、酒吧和出租车信息，商户都把自己的店铺地址、经营范围、营业时间和联系电话展示在网站上。疫情后，地方政府为了促进经济，带动旅游消费，特别拿出一笔数额不小的费用来补贴南川地区的店铺。通过政府补贴店铺让利的方式，上百万用户访问网站，甚至导致瘫痪。项目组受命优化系统性能并紧急修复该系统。性能测试架构师对该系统做了一次全面的压力测试，以了解性能瓶颈到底在哪里。以下是性能测试结果及相应的资源使用情况，如表 11-1 至表 11-3 所示。

表 11-1　应用的并发数与响应时间

#	并发	测试时间	TPS(笔 / s)	ART（ms）	P90（ms）	P95（ms）	P99（ms）	成功率 (%)
1	1	5min	12.4	74	123	129	161	100%
2	3	5min	34.0	88	163	186	242	100%
3	6	5min	48.1	124	266	325	427	100%
4	12	5min	54.0	220	502	600	768	100%

表 11-2　应用服务器的资源使用情况

CPU	内存
27	25
41	28
53.5	31
62	32.4

表 11-3　数据库服务器的资源使用情况

CPU	内存
20	75
50	75
73.5	75
92.5	75

我有一个网站，专门展示南川地区店铺的情况。最近发现发出促销广告后，很多用户同时去该网站访问，造成该网站反应迟钝，甚至无法提供服务，为此需要进行性能优化。以下是性能测试结果数据。

序号	并发用户数	测试时间	TPS(笔/s)	ART (ms)	P90 (ms)	P95 (ms)	P99 (ms)	成功率 (%)
1	1	5min	12.4	74	123	129	161	100%
2	3	5min	34	88	163	186	242	100%
3	6	5min	48.1	124	266	325	427	100%
4	12	5min	54	220	502	600	768	100%

以下是系统资源的使用情况。

应用服务器：

cpu	mem
27	25
41	28
53.5	31
62	32.4

数据库服务器：

cpu	mem
20	75
50	75
73.5	75
92.5	75

请帮忙分析数据并生成性能测试报告。

性能测试报告

项目名称：南川地区店铺展示网站性能测试报告。

项目背景：该网站在促销活动期间出现大量用户同时访问情况，导致反应迟钝，甚至服务不可用。为了提升性能，利用性能测试找到瓶颈并进行优化。

测试目标

评估系统在不同并发水平下的性能表现。

确定系统瓶颈和潜在问题。

提供针对性能瓶颈的优化建议。

测试环境

应用服务器：1台。

数据库服务器：1台。

测试范围：全站范围内的主要功能。

性能指标：吞吐量（TPS）、响应时间（ART、P90、P95、P99）、成功率、系统资源使用情况（CPU、内存）。

测试结果：

#	并发	测试时间	TPS（笔/s）	ART（ms）	P90（ms）	P95（ms）	P99（ms）	成功率（%）
1	1	5min	12.4	74	123	129	161	100%
2	3	5min	34.0	88	163	186	242	100%
3	6	5min	48.1	124	266	325	427	100%
4	12	5min	54.0	220	502	600	768	100%

系统资源使用情况

应用服务器的资源使用情况：

并发用户数	CPU（%）	内存（%）
1	27	25
3	41	28
6	53.5	31
12	62	32.4

数据库服务器的资源使用情况：

并发用户数	CPU（%）	内存（%）
1	20	75
3	50	75
6	73.5	75
12	92.5	75

性能分析

吞吐量随着并发用户数的增加而增加，但在并发用户数达到12时，增长趋势放缓，可能存在瓶颈。

响应时间随着并发用户数的增加而增加，当并发用户数达到 12 时，响应时间显著上升，表明高并发下性能受限。

成功率在所有测试中保持在 100%，表明系统在测试并发压力下仍能正常工作。

当并发用户数达到 12 时，CPU 使用率接近饱和，表明数据库服务器可能是性能瓶颈的主要原因。应用服务器的 CPU 和内存使用率在可接受范围内，但随着并发用户数的增加，资源使用率也在上升。

优化建议

对数据库进行性能优化，如优化 SQL 查询、添加索引、调整数据库参数等，以提高数据库处理能力。

考虑将数据库部署到更高性能的硬件上，或使用负载均衡技术将读写请求分散到多台数据库服务器，降低单台服务器的压力。

对应用服务器进行性能优化，如使用缓存技术、优化代码逻辑等，减少对数据库的依赖。

在高并发场景下，可以考虑对系统进行横向扩展，增加应用服务器和数据库服务器的数量，实现负载均衡，提高系统整体处理能力。

监控系统性能指标，定期进行性能测试和优化，确保系统在面临高并发压力时仍能保持良好的性能表现。

总结

本次性能测试结果显示，随着并发用户数的增加，系统的吞吐量和响应时间均受到影响，数据库服务器可能是主要瓶颈。建议针对性地执行优化措施，提高系统在高并发场景下的处理能力，以满足用户需求。

综上所述，ChatGPT 可以帮助系统运维团队更快地定位系统的性能瓶颈，并且能够为系统运维工程师提供解决瓶颈问题的有效方案，帮助系统运维团队提高系统的性能和稳定性，减少系统维护的成本，从而大幅度改善用户体验，提升企业的服务水平。

11.4　ChatGPT 在漏洞检测中的应用

网络安全对于任何组织来说都是至关重要的。随着网络攻击和漏洞越来越多样化，及时发现和修复安全漏洞变得尤为重要。ChatGPT 可以辅助系统运维团队更高效地检测与修复安全漏洞。这主要体现在发现与分析漏洞以及提供修复建议方面。

首先，ChatGPT 可以通过分析系统日志、代码审计报告以及安全扫描输出，自动识别潜在的安全漏洞，并且可以根据这些数据生成详细的漏洞报告，以帮助系统运维团队了解漏洞的类型、严重程度和影响范围。

其次，当识别出安全漏洞后，ChatGPT 可以为系统运维团队提供具有针对性的漏洞修复建议。它可以分析漏洞形成的根本原因，为系统运维人员提供有效的修复策略和步骤。除此以外，ChatGPT 还可以根据实际场景生成漏洞修复方案，以帮助系统运维团队更好地应对问题。这种智能化的修复建议不仅可以提高运维效率，还可以确保漏洞及时得到修复，从而提高系统的安全性和可靠性。

以下是 ChatGPT 协助检测安全漏洞的应用案例。

请帮我看下，以下的代码是否有安全漏洞问题。

```
import sqlite3
def search_products_by_name(product_name):
  conn = sqlite3.connect('mydatabase.db')
  c = conn.cursor()
  query = "SELECT * FROM products WHERE name = TMS" + product_name + "TMS"
  c.execute(query)
  result = c.fetchall()
  conn.close()
  return result
```

这段代码存在一个明显的安全漏洞问题：SQL 注入漏洞。这是因为您将用户输入的 product_name 直接插入 SQL 查询语句，而没有进行任何处理。攻击者可以通过输入恶意字符串来执行意外的 SQL 命令，从而篡改、泄露或破坏数据。

为了解决这个问题，您应该使用参数化查询或预处理语句来防止 SQL 注入。以下是使用参数化查询修改后的代码：

```
import sqlite3

def search_products_by_name(product_name):
```

```
conn = sqlite3.connect('mydatabase.db')
c = conn.cursor()
query = "SELECT * FROM products WHERE name = ?"
c.execute(query, (product_name,))
result = c.fetchall()
conn.close()
return result
```

注意 query 中的问号 ? 占位符以及 c.execute() 方法中的元组参数。这样，
SQLite 会自动转义参数，从而确保查询的安全性。

请看下这段程序，是否有安全问题。

```
from flask import Flask, request, render_template_string
app = Flask(__name__)
@app.route(TMS/search')
def search():
  query = request.args.get('q', TMS)
  result = 'Search results for: TMS + query
  return render_template_string(TMS<h1>{{ result }}</h1>TMS, result=result)
if __name__ == TMS__main__TMS:
  app.run()
```

这是一个简单的 Flask 程序，用于接收查询参数并返回一个包含查询结果的
HTML 页面。在这段代码中，我发现一个潜在的安全问题：未对用户输入进行适
当的转义。这可能导致跨站脚本（XSS）攻击。为了解决这个问题，您可以使用
escape 函数从 Flask 库来转义用户输入：

```
from flask import Flask, request, render_template_string, escape
app = Flask(__name__)
@app.route(TMS/search')
def search():
  query = request.args.get('q', TMS)
  escaped_query = escape(query)
  result = 'Search results for: TMS + escaped_query
  return render_template_string(TMS<h1>{{ result }}</h1>TMS, result=result)
if __name__ == TMS__main__TMS:
  app.run()
```

这样，用户输入的任何特殊字符（如 < 和 >）都会被转义，从而减少潜在的 XSS 攻击风险。

11.5　小结

本章介绍了 ChatGPT 在系统运维中的应用。ChatGPT 可以用于系统监控、故障定位、性能优化以及漏洞检测等系统运维的几个方面。作为领先的自然语言处理模型，ChatGPT 具备自动检测异常和潜在问题的能力，以及快速且准确地定位故障的能力。同时，它还在优化系统性能、发现安全漏洞等方面具有很强的优势。然而，需要注意的是，在使用 ChatGPT 进行系统运维时，系统运维团队必须要考虑其局限性，并根据实际情况进行调整和优化。通过应用 ChatGPT，系统运维团队可以实现自动化和智能化运维，提高系统稳定性、性能和安全性。

ChatGPT 驱动技术管理

本章旨在探讨如何利用 ChatGPT 提高技术管理效率和效果。随着人工智能技术的不断发展，ChatGPT 已经成为一个强大的工具，它可以通过自然语言交互和深度学习算法生成文本，为技术团队提供各种帮助，从而在技术管理中发挥重要作用。本章将探讨如何利用 ChatGPT 生成项目计划、制定技术管理规范和流程、撰写与维护技术文档、管理知识与培训和提升技能等内容。这些应用场景在技术管理中非常重要，可以帮助技术团队更好地协同工作、提高效率、减少错误和提高工作质量。

12.1　利用 ChatGPT 生成项目管理计划

项目管理计划是保障项目成功的关键，它为项目开发过程提供了明确的方向和目标。利用 ChatGPT 生成项目管理计划可以帮助项目经理更快地制订计划、减少人为错误并提高计划的质量。以下是利用 ChatGPT 生成项目管理计划的方法。

（1）**收集项目需求**：项目经理需要向 ChatGPT 提供项目的基本信息，如项目背景、需求、目标和预期结果等。这些信息将为 ChatGPT 提供一个基本的项目框架。

（2）**调整计划模板**：在 ChatGPT 的帮助下，项目经理可以根据团队的实际情况对项目管理计划模板进行调整，以满足特定项目的需求。

（3）**生成项目计划**：通过向ChatGPT输入项目的详细信息，ChatGPT将生成项目计划，包括项目范围、时间表、资源分配、沟通计划等。

（4）**定期更新状态**：随着项目的推进，项目经理可以定期向ChatGPT提供项目的最新进展，以便生成实时的项目管理计划，帮助团队及时调整工作重点和优先级。

（5）**自动管理风险**：ChatGPT可以根据项目的进展和历史数据自动识别潜在的交付风险，并为项目经理提供相应的应对措施和建议。

首先，借助ChatGPT自动生成文本的强大能力，项目经理可以快速生成项目计划，减少了人工编写项目计划所需的时间。其次，通过与ChatGPT协作，项目经理可以根据项目需求和团队状况生成详细且全面的项目计划，确保项目在各个阶段顺利进行。再次，由ChatGPT生成的项目计划，可以更加清晰地展示项目的目标和任务，有助于提高团队成员之间的沟通效率，降低沟通成本。最后，ChatGPT的文本生成能力可以帮助减少项目管理计划草拟过程中的人为错误，提高计划的准确性。总之，通过利用ChatGPT生成项目管理计划，项目经理可以更好地规划和管理项目，提高团队的工作效率和项目成功的概率。

下面是利用ChatGPT生成TMS项目管理计划的具体实例。

《TMS用户需求分析报告》

团队资源：

可以参与该软件开发的资源：一个产品经理、一个架构师、一个前端开发工程师、一个后端开发工程师、一个测试工程师、0.3个项目管理师、0.3个运维工程师、0.2个数据库管理员、0.2个信息安全工程师、0.2个UI工程师、0.2个性能测试工程师。

请根据以上信息，从项目管理师角度，帮我生成项目管理计划。输出的内容，如果能用表格表示尽量用表格。

项目管理计划

一、项目范围

1.1　目标：开发终端管理系统（TMS），管理部署在各地的POS机。

1.2　范围：实现核心功能层和支撑功能层，满足性能、安全、扩展要求。

二、项目时间表

阶段	工期（人日）	主要任务
计划	10	项目计划、资源分配、风险评估
设计	30	架构设计、界面设计、数据库设计
开发	90	核心功能开发、支撑功能开发
测试	30	功能测试、性能测试、安全测试
部署	15	生产环境部署、数据迁移
运维	15	监控、维护、优化
合计	190	

三、项目资源分配

角色	数量	主要职责
产品经理	1	需求分析、产品设计、协调资源
架构师	1	系统架构设计、性能优化、技术支持
前端开发工程师	1	前端界面开发、交互设计、测试支持
后端开发工程师	1	后端逻辑开发、接口设计、数据库设计
测试工程师	1	功能测试、性能测试、安全测试
项目管理师	0.3	项目计划、跟进进度、风险管理
运维工程师	0.3	系统部署、监控、维护
数据库管理员	0.2	数据库优化、备份、恢复
信息安全工程师	0.2	安全策略、漏洞修复、安全监测
UI 工程师	0.2	界面设计、图标设计、用户体验优化
性能测试工程师	0.2	性能测试、优化建议、压力测试

四、项目沟通计划

类型	频率	参与者	主要内容
项目例会	周	全体	进度、问题、资源
评审	需要时	产品经理、开发、测试	各阶段结果评审

总之，项目管理师可以在 ChatGPT 的协助下，收集项目的背景信息，调整项目计划模版，然后与 ChatGPT 迭代讨论，生成项目管理计划草案。在项目推进过程中，项目管理师可以不断地向 ChatGPT 同步项目情况，动态更新项目进展情况，确保项目按照预定的时间和质量交付。

12.2　利用 ChatGPT 制定技术管理规范和流程

借助 ChatGPT，项目管理师不仅可以更好地草拟项目管理的详细计划，还可以制定团队的技术管理规范和流程，具体步骤如下。

（1）**明确管理目标和方向**：需要明确技术管理的目标和方向，确定技术管理的重点和难点，明确管理的核心价值和意义，为技术管理的实施打下基础。

（2）**收集数据和信息**：利用 ChatGPT 从大量的数据中提取有用的知识和信息，对技术管理现状进行分析和评估，收集团队成员的反馈和意见，从而制定出更加科学和合理的技术管理规范和流程。

（3）**制定管理规范和流程**：根据收集到的数据和信息，制定出符合团队实际情况的技术管理规范和流程，包括团队的人员组成、分工和责任、沟通和协作机制、项目管理和绩效考核等方面的规定。

（4）**调整管理规范和流程**：在制定出技术管理规范和流程后，项目管理师需要对其进行测试和调整，评估实施效果，不断优化和完善技术管理的模式和方法，以提高技术管理效率和质量。

（5）**优化管理规范和流程**：随着团队技术管理的不断发展和实践，技术管理规范和流程需要不断更新和优化，以适应不同阶段和场景的需求，提高团队管理的灵活性和适应性。

在实施技术管理规范和流程时，项目管理师还需要注意与团队成员充分沟通和协商，确保管理规范和流程符合团队实际情况和成员需求，避免出现管理上的矛盾和摩擦，同时加强团队成员的培训和管理意识，提高团队成员的自我管理和团队意识，促进团队管理的顺利实施，并及时总结和评估管理规范和流程的实施效果，发现问题和不足，及时调整和改进管理的模式和方法，实现技术管理规范和流程的不断优化。

我们将通过一个实际案例来更好地说明 ChatGPT 在技术管理方面的应用。案例的背景是某软件开发公司希望创建一套高效、规范的技术管理规范和流程，以提高团队协作和项目交付效果。该公司尝试利用 ChatGPT 来协助实现这一目标。

首先，该公司明确了团队技术管理的目标，包括提高团队沟通效率、优化项目管理过程、提高项目交付质量和降低人力资源成本。为了实现这些目标，该公司决定着重人员分工、沟通协作和绩效考核等方面的管理。

其次，该公司通过ChatGPT收集团队过往项目的数据、团队成员的反馈以及其他相关信息，从而更好地了解团队目前的实际情况。

再次，根据所收集的信息，项目经理与ChatGPT共同制定了一套技术管理规范和流程，其中包括以下几个方面内容。

- ❑ **人员分工**：明确岗位职责，确保团队成员清楚自己的任务和责任范围。
- ❑ **沟通协作**：建立沟通渠道，确保信息及时传递和反馈，提高协作效率。
- ❑ **项目管理**：实施敏捷管理，确保项目按计划进行，适时调整进度和目标。
- ❑ **绩效考核**：完善考核体系，以交付结果和贡献作为评估标准，激励团队成员提高工作效率和质量。

最后，在实施新的技术管理规范和流程后，项目经理需要定期收集团队成员的反馈，以评估实施效果。通过与ChatGPT的持续沟通，项目经理不断调整和优化技术管理规范和流程，以适应团队的实际需求。

通过以上步骤，该软件开发公司成功地利用ChatGPT制定并实施了一套高效、规范的技术管理规范和流程。在实施新的技术管理规范和流程后，团队的沟通效率显著提高，项目管理更加顺畅，项目交付质量得到改善，同时人力资源成本也得到有效控制。此外，团队成员之间的协作更加紧密，团队氛围也得到了提升。

12.3 利用ChatGPT撰写与维护技术文档

技术文档是一个项目的重要组成部分，它包括需求说明书、设计文档、测试文档、用户手册等。技术文档对项目的开发、测试、部署、维护和使用具有关键作用。在技术文档的撰写与维护过程中，ChatGPT可以发挥以下作用。

- ❑ **自动生成文档草稿**：ChatGPT具有自然语言生成能力，可以根据输入的关键词、主题和内容要求，快速生成技术文档草稿。这可以帮助技术人员减轻文档撰写的负担，提高文档编写效率，并确保文档内容的完整性和准确性。
- ❑ **格式化和组织文档内容**：ChatGPT可以帮助技术人员对文档进行格式化和组织，确保文档结构清晰、层次分明。这可以提高文档可读性，方便团队成员查找和阅读相关内容。

❑ **校对和修改文档**：利用 ChatGPT 的自然语言理解和生成能力，可以对技术文档进行自动校对和修改，纠正语法错误、拼写错误和表达不清楚的地方。这可以提高文档的质量，降低团队成员在文档撰写过程中出现错误的概率。

❑ **更新和维护文档**：随着项目的推进和技术的变化，技术文档需要不断更新和维护。ChatGPT 可以帮助技术人员自动追踪项目的变化和技术的发展，及时更新文档内容，确保文档的时效性和准确性。

❑ **生成文档摘要和目录**：ChatGPT 可以根据技术文档内容，自动生成文档摘要和目录，帮助团队成员快速了解文档的主要内容和结构，提高文档的可用性。

❑ **翻译和跨文化沟通**：对于跨国团队和跨文化项目，ChatGPT 可以帮助技术人员将技术文档翻译成不同语言，实现跨语言沟通和协作。这有助于降低沟通成本，提高团队协作效率。

在前面实现了 TMS 设备管理接口所有操作的代码之后，开发工程师将继续与 ChatGPT 配合，进一步生成接口的技术文档《TMS 设备管理服务接口指南》。以下是文档生成的具体过程。

根据以上设计和实现的几种 TMS 设备管理服务接口操作，写出《TMS 设备管理服务接口指南》，其中要包括：

1. 该接口的概要介绍。

2. 所有接口操作列表。

3. 接口的具体使用方法和举例。

4. 需要注意的事项。

TMS 设备管理服务接口指南

1. 概要介绍

TMS（终端管理系统）设备管理服务接口是一个为支付公司提供 POS 机管理

功能的 API。它允许后端开发工程师实现对 POS 机设备的分配、添加、回收、监控和禁用等操作。接口采用 RESTful 风格，支持标准的 HTTP 方法，方便开发工程师快速上手和集成。

2. 接口操作列表

以下是 TMS 设备管理服务接口的操作列表：

设备分配（Devices_Management_Assign）

设备添加（Devices_Management_Add）

设备回收（Devices_Management_Reclaim）

设备监控（Devices_Management_Monitor）

设备禁用（Devices_Management_Disable）

3. 接口的具体使用方法和举例

3.1 设备分配（Devices_Management_Assign）

功能：为指定商户分配设备。

请求方法：POST。

请求路径：/devices/assign。

输入参数：设备序列号、商户 ID。

输出参数：分配后的设备信息。

举例

请求：

```
POST /devices/assign
Content-Type: application/json
{
  "serial_number": "1234567890",
  "merchant_id": "1"
}
```
响应：
```
HTTP/1.1 200 OK
Content-Type: application/json
{
  "device_id": "1001",
  "serial_number": "1234567890",
  "merchant_id": "1",
```

```
    "status": "assigned"
}
```

3.2 设备添加（Devices_Management_Add）

功能：添加新设备到数据库

请求方法：POST。

请求路径：/devices。

输入参数：设备序列号、设备型号、设备软件版本、商户 ID（可选）。

输出参数：添加成功的设备信息。

举例

请求：

```
POST /devices
Content-Type: application/json
{
  "serial_number": "0987654321",
  "model": "ABC-123",
  "software_version": "1.0.0",
  "merchant_id": "2"
}
响应：
HTTP/1.1 201 Created
Content-Type: application/json
{
  "device_id": "1002",
  "serial_number": "0987654321",
  "model": "ABC-123",
  "software_version": "1.0.0",
  "merchant_id": "2",
  "status": "added"
}
```

3.3 设备回收（Devices_Management_Reclaim）

功能：从数据库中删除指定设备。

请求方法：DELETE。

请求路径：/devices/:device_id。

输入参数：设备 ID。

输出参数：被删除的设备信息。

举例

请求：

```
DELETE /devices/1002
```

响应：

```
HTTP/1.1 200 OK
Content-Type: application/json
{
  "device_id": "1002",
  "status": "deleted"
}
```

3.4 设备监控（Devices_Management_Monitor）

功能：获取指定设备的状态信息。

请求方法：GET。

请求路径：/devices/:device_id/status。

输入参数：设备 ID。

输出参数：设备状态信息。

举例

请求：

```
GET /devices/1001/status
```

响应：

```
HTTP/1.1 200 OK
Content-Type: application/json
{
  "device_id": "1001",
  "status": "online"
}
```

3.5 设备禁用（Devices_Management_Disable）

功能：禁用指定设备。

请求方法：PUT。

请求路径：/devices/:device_id/disable。

输入参数：设备 ID。

输出参数：被禁用的设备信息。

举例

请求：

```
PUT /devices/1001/disable
```

响应：

```
HTTP/1.1 200 OK
Content-Type: application/json
{
  "device_id": "1001",
  "status": "disabled"
}
```

总之，ChatGPT 在技术文档撰写与维护方面具有重要意义，它可以提升文档编写效率、提高文档质量、降低沟通成本，并确保文档的及时更新和准确性。技术团队可以借助 ChatGPT 生成和维护技术文档，从而可以更加专注于项目开发和技术创新，实现更高效的协作和沟通，确保项目的顺利实施。

12.4 利用 ChatGPT 进行知识管理

知识管理对于技术团队至关重要，因为它能够提高团队效率、强化技能、减少重复工作并促进知识共享。ChatGPT 作为一种人工智能技术，可以为知识管理提供强大的支持。以下是利用 ChatGPT 进行知识管理的几种方法。

1. 知识库构建和维护

ChatGPT 可以通过深度学习算法对大量数据进行分析和提取，构建和维护一个包含各种技术知识、经验和教程的知识库。这有助于团队成员在面临技术难题时快速找到解决方案，提高工作效率。ChatGPT 可以监测团队成员的实时反馈和行业动态，及时更新知识库中的信息。这有助于确保知识库的准确性和时效性，让团队成员始终掌握最新的技术信息。

2. 智能搜索

利用 ChatGPT 的自然语言处理能力，团队成员可以通过简单的查询语句快速查找知识库中的相关信息。这将大大提高团队成员在查找技术资料、解决问题和学习新技能的效率。

3. 问答系统

通过 ChatGPT 构建智能问答系统，团队成员可以向该系统提问，获取关于技术问题和项目管理方面的解答。这有助于降低团队成员之间的沟通成本，提高问题解决速度。

4. 知识推荐

ChatGPT 可以根据团队成员的技能、经验和兴趣，为他们推荐相关的技术文章、教程和资源。这有助于团队成员持续学习、提升技能，以应对项目和技术的快速变化。

5. 信息整合与汇总

ChatGPT 可以将分散在不同系统、平台和文档中的信息进行整合、汇总，形成一个完整的知识体系。这有助于团队成员快速掌握项目全貌，减少信息不一致或缺失导致的风险。

6. 知识共享与传播

ChatGPT 可以协助团队成员将个人的知识、经验和见解以易于理解和传播的方式分享给其他团队成员。这有助于提高团队整体的技能水平，增强团队凝聚力。

综上所述，技术团队通过上述方法利用 ChatGPT 进行知识管理，能够提高工作效率、降低沟通成本、促进知识共享，并提升成员技能水平和解决问题的能力。技术团队可以更好地应对项目挑战，实现持续发展和创新，为长期发展奠定坚实基础。

12.5　ChatGPT 协助培训与技能提升

ChatGPT 在培训与技能提升方面具有巨大潜力。通过自然语言处理能力和深度学习技术，ChatGPT 可以为团队提供个性化培训材料、实时解答问题、模拟实际情境等协助，从而提高培训效果和团队成员的技能水平。以下是 ChatGPT 在培训与技能提升中的具体应用。

- **个性化培训材料**：ChatGPT 可以根据团队成员的技能水平、工作职责和个人兴趣生成个性化培训材料，以提高培训针对性和吸引力，确保培训内容能够满足个人发展需求。
- **实时问题解答**：ChatGPT 可以根据成员的问题，提供实时的解答和建议。这有助于解决团队成员在学习和工作中遇到的实际问题，提高问题解决能力。
- **模拟实际情境**：ChatGPT 可以通过自然语言生成技术，模拟实际工作中的情境，让团队成员在仿真环境中进行实践操作，加深对知识和技能的理解和掌握。
- **培训课程推荐**：ChatGPT 可以分析团队成员的技能需求和学习进度，为他们推荐合适的培训课程和资源，帮助他们更有效地提升技能。
- **考核与反馈**：ChatGPT 可以用于在线考核，实时评估团队成员的技能水平和学习效果，通过自动化的反馈和建议，帮助团队成员找到自己的不足和提升空间，进一步提升技能。
- **跨领域知识整合**：ChatGPT 具有强大的知识整合能力，可以帮助团队成员更好地掌握跨领域的知识和技能，提高团队的创新能力和竞争力。
- **协作学习**：ChatGPT 可以促进团队成员之间的协作学习，通过共享学习资源、讨论问题和解决方案等方式，提高团队协作能力和整体技能水平。

综上所述，ChatGPT 在培训与技能提升方面具有广泛的应用前景。通过利用 ChatGPT 的强大功能，团队可以实现更有效、更高质量的培训和技能提升。

12.6 小结

本章探讨了如何利用 ChatGPT 技术实现技术管理的有效性和效率提高。我们讨论了以下几个方面的应用：利用 ChatGPT 生成项目管理计划、制定技术管理规范和流程、撰写与维护技术文档、进行知识管理以及培训与提升技能。通过 ChatGPT 的辅助，技术团队可以更好地利用资源、降低沟通成本、提高决策质量和减少错误，为企业带来更高的效益和更广阔的发展空间。

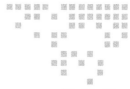

ChatGPT 的伦理与法规

随着人工智能技术的迅速发展和广泛应用，伦理和法规问题日益受到关注，特别是在 ChatGPT 这样的先进 AI 模型中，确保数据隐私、安全，遵循伦理准则，并符合法律法规要求，对于确保其可持续发展和社会责任至关重要。本章涵盖数据隐私与安全、人工智能的伦理准则与责任归属、知识产权保护，以及全球范围内的法律法规和政策导向。本章旨在提供一个全面的框架，帮助读者更好地了解 ChatGPT 在伦理和法规方面的挑战与机遇，使开发工程师、用户和平台方在使用和发展 ChatGPT 时，更加关注伦理和法律问题，以确保人工智能技术的可持续发展和社会责任。

13.1　数据隐私与安全问题

在人工智能领域，尤其是涉及 ChatGPT 这样的自然语言处理技术时，数据隐私和安全问题成为一大关注焦点。以下将从几个方面对数据隐私与安全问题进行详细论述。

1. 用户数据保护

作为一款聊天机器人，ChatGPT 需要处理大量用户提供的文本数据。为了确保用户数据的隐私和安全，开发工程师需要在数据收集、处理和存储过程中遵循严格的保密措施。这包括对用户数据进行加密、限制对用户数据的访问权限以及定期审查数据使用情况等。在软件开发过程中，因为 ChatGPT 是一款面向公众的聊天平台，所以在对话之前要先把计划提交给 ChatGPT 的问题进行脱敏，比如公司详细的业务计划、数据库的登录用户名和密码、加密算法安排等。

2. 数据去标识化

为了降低数据泄露的风险，开发工程师应采取去标识化技术，将用户数据中的个人身份信息去除或替换，以降低数据被滥用的可能性。但是，值得注意的是，去标识化并非万无一失，因此需要持续关注最新的技术进展，确保隐私保护措施的有效性。假设一家医院需要共享患者的医疗记录给研究人员，以便与 ChatGPT 聊天，同时需要保护好患者的隐私。为了做到这一点，医院可以使用去标识化技术，例如替换患者的姓名和地址为唯一识别码，并删除患者的身份证号和电话号码等敏感信息。这样可以保护患者的个人信息，同时确保研究人员可以使用足够的数据来借助 ChatGPT 开展医学研究。

3. 数据泄露预防

在使用 ChatGPT 等 AI 技术辅助开发过程中，尽管我们采取了多种措施来保护用户数据，但是数据泄露仍然可能发生。开发工程师需要制定应对数据泄露的预案，确保在发生数据泄露事件时能够迅速采取行动。这包括定期进行安全审计、监控系统漏洞以及提供安全培训等。假设一家银行需要保护客户的个人和财务信息，银行可以采取以下措施来防止数据泄露：定期进行安全审计，包括漏洞扫描、渗透测试等，确保系统没有安全漏洞；建立安全监控系统，包括入侵检测、网络流量监控等，以及设定警报机制，及时发现并应对潜在的安全威胁；对员工进行安全培训，教授他们如何识别和应对网络钓鱼、恶意软件等安全威胁。

4. 法律法规遵守

各国对于数据隐私与安全的法律法规有所不同，例如欧盟的《通用数据保护条例》（GDPR）和美国的《加州消费者隐私法案》（CCPA）。因此，在开发和应用 ChatGPT 时，开发人员需要确保遵守各个国家和地区的法律法规，尊重用户的数据隐私权益，经常反问自己几个问题：

　　❏ 应该采用什么样的数据加密和安全措施来保护用户数据？

　　❏ 应该如何限制对用户数据的访问权限，避免数据泄露和滥用？

　　❏ 应该如何获得用户的明确同意，并提供透明的隐私政策和数据处理说明？

　　❏ 应该如何及时通知用户在数据泄露事件发生时采取行动？

　　❏ 应该如何在系统设计和数据处理过程中避免歧视和不公平对待？

5. 公开透明

　　为了提高用户对数据隐私与安全管理的信任度，开发工程师应在政策和实践方面保持公开透明。这意味着需要向用户清楚地说明数据的收集、使用和存储方式，以及采取哪些措施保护其隐私。开发工程师、用户和平台方需要共同努力，遵循法律法规，采取有效的技术和管理措施，以确保 ChatGPT 在保护用户隐私的同时，为用户带来便利和价值。

　　假设一家社交媒体公司计划使用 ChatGPT 来开发一个智能聊天机器人，帮助用户交友和社交。为了提高用户对数据隐私和安全管理的信任度，该公司可采取以下措施：编写明确的隐私政策和数据处理说明，告知用户如何使用该聊天机器人，包括数据收集、使用和存储的方式，以及如何保护用户数据的机密性和完整性；提供用户访问、更正和删除数据的权利，即允许用户随时访问自己的数据，更正或删除自己的数据；允许用户随时选择退出使用聊天机器人，以保护隐私；采用适当的数据加密和安全措施，包括网络安全措施、数据备份和恢复措施等，来保护用户数据的机密性和完整性；定期审查数据使用情况，以确保遵守隐私政策和法律法规。

　　通过采取这些措施，该社交媒体公司可以提高用户对数据隐私和安全管理的信任度，提升用户对该聊天机器人的使用体验，并确保合规性。

13.2　人工智能的伦理原则与责任归属

　　科学技术发展的最终目的都是要让人类社会更美好，人工智能技术也不例外。随着人工智能技术的迅速发展，伦理准则和责任归属问题日益受到关注。本节将对人工智能的伦理准则与责任归属做概括性讨论。目前在这个领域的讨论还非常热烈，新的思想、新的观点不断出现。

1.遵循伦理原则

在开发和应用诸如 ChatGPT 这样的人工智能技术时，我们需要遵循一定的伦理原则，以确保人工智能的发展符合人类的核心价值观。这些原则通常包括公平性、透明性、可解释性、隐私保护和安全性等。遵循这些伦理原则有助于确保人工智能应用不会出现不公平、歧视或侵犯个人隐私的问题。

2.责任归属明确

随着人工智能在各个领域的广泛应用，明确责任归属变得尤为重要。开发工程师、使用者、监管机构等各方都需要承担一定的责任，确保人工智能技术被合理应用。这包括：对算法进行审查，确保算法的公平性和无偏性；对数据的收集和处理过程进行监管，保护用户隐私；确保人工智能的应用不会损害公众利益。

3.防止滥用

像火药和原子能的出现一样，创新的发明和技术的突破经常是把双刃剑。在开发和使用人工智能技术时，我们有必要确保这些技术不被滥用。这意味着需要在技术设计阶段充分考虑潜在的滥用风险，并采取相应的预防措施。此外，使用者也需遵守相应的道德规范，确保人工智能技术应用不会导致出现不道德或非法问题。

4.人工智能和人类的协作与共生

人工智能技术的发展并不意味着要完全替代人类，而是需要找到与人类的协作与共生方式。这意味着需要关注人工智能对人类工作和生活的影响，努力寻求人工智能与人类的共同发展方式。为此，我们需要在教育、培训和政策制定等方面进行投入，以适应人工智能带来的变革。

5.人工智能的可持续发展

在推动人工智能技术发展过程中，我们需要关注其对环境和社会的影响，以确保人工智能可持续发展。这包括在技术设计、生产和应用过程中关注资源消耗和环境保护，以降低对环境的负面影响。同时，我们还需要关注人工智能对社会经济结构的影响，以避免加剧社会不平等和资源分配不均问题。为此，政府、企业和研究机构需要共同努力，制定相应的政策和标准，以推动人工智能可持续发展。

总之，在人工智能领域，遵循伦理原则和明确责任归属至关重要。只有在这些方面得到充分关注和处理，人工智能技术才能够真正地为人类带来福祉，实现与人类的和谐共生。在此过程中，政府、企业、研究机构和个人都需要承担相应的责任，共同推动人工智能走向正确的发展道路。

13.3 与 ChatGPT 相关的知识产权保护

ChatGPT 作为一款人工智能软件，其源代码和算法受著作权法的保护。软件开发工程师和企业需要确保他们的研究成果和技术创新得到充分保护。同时，用户在使用 ChatGPT 时，也需要遵守相关许可协议，防止未经授权的复制、传播和使用。与 ChatGPT 相关的知识产权保护主要涉及以下几个方面。

1. 专利保护

ChatGPT 的核心技术和创新功能可能涉及一系列专利。为了保护创新者的权益，研究机构和企业需要对 ChatGPT 关键技术进行专利申请。这不仅有助于保护技术成果，还有助于推动技术交流和进一步发展。

2. 数据与知识产权

由于 ChatGPT 在训练过程中需要大量数据，数据的产权问题也需要得到关注。数据提供者在提供数据时应确保拥有相应的权益，并与使用数据的企业或研究机构明确数据使用协议。此外，ChatGPT 生成的内容可能涉及原创性和版权问题。在某些情况下，我们需要考虑对这些内容进行知识产权保护。

3. 商标与品牌保护

ChatGPT 作为一种技术产品，其品牌和商标同样需要得到保护。企业在推广和应用 ChatGPT 时，需要确保其商标和品牌不受侵犯，同时，遵循相关法律法规，确保自身品牌的合法性和正当性。

总体来说，与 ChatGPT 相关的知识产权保护涉及多个方面，包括软件著作权、专利、数据产权、商标与品牌等。各方在开发、应用和推广 ChatGPT 过程中，需要充分关注这些问题，确保知识产权得到有效保护，从而促进人工智能技术健康、可持续发展。

13.4　相关法律法规与政策导向

在 ChatGPT 等人工智能技术发展过程中，法律法规和政策导向起着关键作用。这些法律法规与政策导向不仅保护了利益相关者的权益，还有助于指导人工智能技术健康、可持续发展。以下是一些与 ChatGPT 相关的主要法律法规和政策导向。

1. 数据保护法规

针对数据隐私和保护的法规，如欧盟的《通用数据保护条例》（GDPR）和美国的《加州消费者隐私法案》（CCPA），对数据的收集、处理、存储和传输提出了严格的规定。这些法规要求企业和个人在使用 ChatGPT 等人工智能技术时，确保用户数据隐私得到充分保护。

2. 人工智能伦理原则

国际组织和政府部门已经开始制定人工智能伦理原则，以引导人工智能技术发展。例如，欧盟发布了《人工智能伦理指南》，明确了 AI 系统的透明度、公平性、安全性和隐私等原则。企业和研究者在开发和应用 ChatGPT 等人工智能技术时，应遵循这些伦理原则。

3. 知识产权保护法

与 ChatGPT 相关的知识产权保护涉及著作权法、专利法、商标法等。各国政府和国际组织已经制定了一系列法律法规，以保护知识产权。利益相关者需要了解并遵循这些法律法规，确保自己的创新成果得到充分保护。

4. 人工智能政策导向

各国政府已经开始关注人工智能技术的发展，并制定相应的政策导向。例如，美国发布的《国家人工智能研究与发展战略计划》、中国发布的《新一代人工智能发展规划》都明确了人工智能技术的发展方向和重点领域。这些政策导向对于 ChatGPT 等人工智能技术的发展具有指导意义。

5. 国际合作与协调

为了应对跨国人工智能技术挑战，各国政府和国际组织正加强合作与协调。例如，G7、G20 等国际组织已经将人工智能作为重点议题，并提出了一系列合作倡议。此外，各国政府也在双边和多边框架下加强合作，共同应对人工智能技术带来的挑战。

6. 教育和培训政策

随着人工智能技术的广泛应用，政府和企业越来越重视人才培养和教育。各国政府制定了一系列政策，以支持 AI 教育和培训项目的发展。此外，企业也在加大对 AI 人才的培养和引进力度，以满足市场需求。

7. 投资和创新政策

为推动人工智能技术的发展，各国政府和企业正在加大对 AI 研究和创新的投资。政府制定了一系列扶持政策，以鼓励企业进行人工智能技术研究和创新。同时，企业也在加大开发投入，以保持在人工智能领域的竞争优势。

综上所述，法律法规和政策导向对于 ChatGPT 等人工智能技术的发展具有重要作用。各利益相关者需要了解并遵循这些法律法规与政策导向，确保在创新和发展过程中遵循道德准则和法律。遵守这些法律法规和政策导向有助于确保人工智能技术的可持续发展，减少技术应用带来的负面影响，同时提高人工智能技术对社会和经济的贡献。遵守这些法律法规和政策导向将有助于构建一个更加安全、公平和透明的人工智能生态系统。

13.5 小结

本章主要探讨了与 ChatGPT 相关的伦理和法规问题，涵盖数据隐私与安全、人工智能伦理原则与责任归属、知识产权保护，以及全球范围内的法律法规和政策导向。确保用户隐私和数据安全、遵守人工智能的伦理原则、明确责任归属、保护知识产权以及遵守相关法律法规和政策导向，对于确保人工智能技术可持续发展和社会责任至关重要。各利益相关者需要共同遵守，构建一个更加安全、公平和透明的人工智能生态系统。

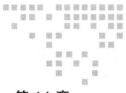

Chapter 14 第 14 章

软件开发的未来展望与挑战

当今社会，软件已经渗透到我们生活的方方面面。从日常生活中使用的应用程序到企业级软件系统，软件一直在不断更新。随着人工智能和机器学习技术的不断发展，未来软件开发将变得更智能化和自动化。然而，软件开发也面临越来越多的挑战，例如安全威胁、复杂性增加、成本上升、法律和道德责任等。本章将探讨软件开发的未来展望和挑战，并提供一些建议，以帮助开发人员在未来的软件开发中更好地应对挑战。

14.1 软件开发的未来展望

经过了 80 多年的发展，软件开发经历了从机器语言到高级语言、从本地应用到网络应用、从人工开发到智能开发等几个阶段。无论软件开发模式、开发语言，还是开发框架都在经历智能化的变革。展望未来，我们可以看到以下五方面发展趋势。

更快、更高效的开发：新的编程语言、框架和工具的出现使开发人员能够更快地创建更复杂的应用程序。例如，使用 Python 编写的人工智能框架 TensorFlow 可以帮助开发人员更快地构建深度学习模型。

React 框架可以帮助开发人员更高效地构建用户界面。React 框架采用组件化的开发方式，将用户界面拆分为多个组件，使得开发人员可以更加灵活地组合和重用组件，从而快速构建复杂的应用程序。同时，React 框架还提供了虚拟 DOM 技术，可以在保证用户界面流畅性的前提下，减少 DOM 操作的次数和开销，提高应用程序的性能和响应速度。这种高效的开发方式和优秀的性能，使得 React 框架成为全球最流行的用户界面开发框架之一。

AI 和机器学习的应用：随着人工智能和机器学习技术的发展，这些技术将成为软件开发的重要工具。例如，通过使用机器学习算法对用户数据进行分析，可以为用户提供更加个性化的服务，提高用户满意度。

亚马逊是全球最大的在线零售商，它使用人工智能和机器学习技术来提高用户购物体验和销售效率。亚马逊的人工智能技术可以对用户的购物行为进行分析，并提供个性化的产品推荐和广告展示，从而引起用户的购物兴趣并提高销售额。同时，亚马逊的机器学习算法可以对库存和物流进行优化，提高交付速度和效率。这些技术的应用不仅提高了亚马逊的业务效率和用户满意度，也推动了人工智能和机器学习技术在电子商务领域的广泛应用。

注重用户体验和可用性：随着互联网应用程序的普及，用户对应用程序的使用体验和可用性要求越来越高。因此，在软件开发中，注重用户体验和可用性是必要的，这将有助于提高用户满意度和用户忠诚度。

优步是一家提供打车服务的互联网公司，它一直注重用户体验和应用程序可用性，以提高用户满意度和忠诚度。优步的应用程序提供了直观的用户界面和简单的操作流程，使得用户可以轻松地预订车辆、支付费用和评价司机。优步还提供了即时定位和交通信息、价格透明等功能，以提高用户体验和可用性。通过注重用户体验和应用程序可用性，优步成为全球领先的打车服务提供商之一，赢得了全球用户的信赖和喜爱。

云原生应用程序的流行：随着云计算技术的发展，云原生应用程序将越来越流行。云原生应用程序可以提供更好的扩展性、可靠性和安全性，因此，越来越多的企业将会开发和部署云原生应用程序。例如，谷歌的 Kubernetes 容器编排平台可以帮助企业更好地管理和部署应用程序。

NETSTARS 是一家日本的支付服务平台，在 2020 年成功实现了从传统应用程序到云原生应用程序的转变。它使用了 Kubernetes 等容器编排平台和 KubeStar，将传统应用程序重构为云原生应用程序，以提高应用程序的可靠性和弹性。通过使用云原生技术，它可以轻松地将应用程序部署到多个地理位置，并实现更快速的迭代和部署。同时，它还实现了自动化的容器编排、容错机制和负载均衡，以确保应用程序的稳定性和可靠性。这种云原生应用程序的转变为 NETSTARS 带来了显著的性能和效率提升，同时也使得它能更好地应对业务增长和变化。

低代码 / 无代码开发：低代码 / 无代码开发是一种新型的软件开发方法，可以帮助开发人员更快地创建应用程序。这种开发方法可以通过简化开发流程、自动生成代码等方式，使开发人员更加专注于业务逻辑的实现。

例如，OutSystems 是一款低代码开发平台，提供可视化的开发工具和组件，使开发人员可以更快地创建应用程序。使用 OutSystems，开发人员可以快速构建移动应用、Web 应用、企业应用等，并在短时间内交付高质量的应用程序。

14.2 软件开发面临的挑战

虽然我们对软件开发的未来发展充满了期待，但是，软件开发人员也在安全、复杂性、用户体验和可用性、法律和道德责任、竞争压力等方面面临挑战。

安全：随着互联网的发展，软件安全问题越来越严重。黑客攻击、数据泄露等安全问题时常发生，给企业和用户带来极大的损失。因此，开发人员需要采取更加严格的安全措施和数据加密技术来保障软件安全和用户数据的安全。

2017 年，全球范围内爆发了 WannaCry 勒索软件攻击事件，数十万台计算机被感染，企业和个人遭受了巨大的经济损失。该事件再次引起人们对软件安全的关注和警惕。这次事件的发生表明，安全问题已经不再是软件开发过程中的次要问题，而是需要被高度重视和关注的核心问题之一。开发人员需要针对软件的安全性进行全方位保护，包括网络安全、数据加密、用户认证等方面。

复杂性：随着应用场景不断增加，软件开发变得越来越复杂。开发人员需要应对不断增加的需求和技术挑战，同时在保证软件质量的前提下控制成本。

在大规模分布式系统开发中，系统设计和部署会变得极其复杂。开发人员需要处理不同模块之间通信、数据同步、负载均衡、故障恢复等问题，并保证系统的高可用性和性能。为了应对这些复杂性挑战，开发人员需要不断探索新的架构和技术，例如微服务架构、容器化技术和自动化部署工具等。同时，开发人员需要保持对软件工程的敏感度，在代码设计、测试和部署上均保持高水平的专业素养和技能。

用户体验和可用性：用户对于应用程序的使用体验和可用性要求越来越高，因此，开发人员需要在软件开发中注重用户体验和可用性，以提高用户满意度和用户忠诚度。

2018年谷歌发布了一项关于移动网页速度的调查结果，发现平均加载时间为22s的移动网页，其用户离开率高达90%。这说明用户对于网页加载速度和响应时间非常敏感，对于开发人员来说，需要注重优化网页加载速度和响应时间，从而提高用户体验和应用程序可用性。因此，开发人员需要不断探索新的技术和方法，例如使用CDN加速、优化图片和CSS等，以提高应用程序性能和用户体验。

法律和道德责任：软件开发将面临越来越多的法律和道德责任挑战，例如数据隐私、伦理等问题。开发人员需要遵守法律法规和道德标准，确保软件开发合规。

在人工智能开发中，有些算法和模型可能会受到种族、性别、年龄、贫富等因素的影响，导致对某些人群的歧视和不公。例如，在招聘系统中使用人工智能算法进行自动筛选时，可能会因为算法本身的偏见而排除某些特定人群的求职者，从而出现不公平的结果。为了解决这个问题，开发人员需要采用更加公正和客观的算法，并对算法进行审查和测试，以确保其不会受到歧视和不公因素的影响。同时，开发人员还需要考虑用户数据隐私保护问题，采取加密存储、访问控制等措施，以确保用户数据的安全性和隐私性。

竞争压力：随着市场竞争不断加剧，软件开发人员面临越来越大的竞争压力。开发人员需要不断提高自己的技能和专业水平，适应不断变化的技术环境，以保持自己的竞争力和创新能力。

近年来随着云计算和人工智能等新技术的兴起，软件开发人员的竞争变得更加激烈。很多企业开始将软件应用迁移到云端，以提高灵活性、可伸缩性和可靠性，同时降低成本。这使得云计算技术成为软件开发的新趋势，同时加剧了云计算市场的竞争压力。在这个背景下，软件开发人员需要不断学习和掌握新技术，以应对市场和竞争变化，并提供高质量、高性能的软件产品，才能保持竞争力。

14.3　应对软件开发未来挑战的措施

人工智能技术的快速发展，特别是 ChatGPT 的横空出世，为软件开发带来了更广阔的发展空间，同时也让软件面临着安全、伦理和法律等各方面的严峻挑战。为了应对未来软件开发的挑战，软件开发人员可以采取以下几项措施。

提高软件安全性和加强隐私保护：采用更加严格的安全措施和数据加密技术来保障软件和用户数据的安全，定期进行安全审计和漏洞扫描。开发人员可以采用多因素身份认证技术、安全漏洞扫描工具、数据加密技术等来提高软件安全性和保护用户数据隐私。采用自动化测试、持续集成和持续交付等技术，提高软件质量和稳定性，减少故障和 Bug 的出现。

持续学习与适应新技术和工具：学习新的技术和工具，提高技能和专业水平，适应不断变化的技术环境。开发人员可以学习新的编程语言和框架，例如 Python、Node.js、React 等，也可以掌握新的开发工具和平台，例如 Docker、AWS、Kubernetes 等。同时，开发人员需要关注技术趋势和发展方向，例如云计算、人工智能、区块链等，以保持技术领先和创新能力。持续学习与掌握新技术和工具是提高软件开发人员竞争力和创新能力的重要方法。

注重用户体验和可用性：在软件开发中注重用户体验和应用程序可用性可以提高用户满意度和用户忠诚度。例如，谷歌的 Material Design 是一种用于设计和开发应用程序界面的语言。Material Design 注重界面的清晰度和简洁性，为用户提供直观的使用体验。许多应用程序，如 Gmail、Google Drive 和 Google Maps 等，都采用了 Material Design 的设计风格，提供了一致的用户体验和可用性。在开发过程中，开发人员可以参考 Material Design 指南，优化应用程序的设计和交互，以提高用户体验和可用性。

遵守法律法规和道德标准：遵守相关法律法规和道德标准，可确保软件开发合规，保护用户隐私和权益。例如，开发人员在设计和开发人工智能算法时需要遵循相关的法律法规和道德标准，诸如人工智能伦理原则、个人信息保护法等。开发人员需要确保算法的公正性和客观性，避免算法对某些特定人群的歧视和不公。同时，开发人员需要采取措施，例如加密存储、访问控制等，以确保用户数据的安全性和隐私性。开发人员也需要遵守知识产权法律法规，保护自己的知识产权和尊重他人的知识产权。

采用水母开发模式：采用水母开发模式，可以减少开发人员之间的无效沟通，通过与 ChatGPT 的配合，加强用户分析和总体设计，提升开发效率和质量。

采用云原生开发方法：采用云原生开发方法，可以使应用程序更好地适应云环境，并提高应用程序可扩展性、可靠性和安全性。例如，对于一个采用云原生开发方法的电子商务网站，我们可以将其前端页面和后端业务逻辑分别打包成一个独立的容器，并通过 Kubernetes 进行部署和管理；同时，可以采用微服务架构，将订单管理、商品管理、用户管理等业务逻辑拆分成多个小型服务，并通过 API 进行通信。这样可以实现高可用性、高性能、高伸缩性和高可维护性。

合理控制软件开发成本：采用更加高效和经济的开发方法和工具，以提高软件开发效率和质量，合理控制软件开发成本。例如，采用开源软件和工具可以减少软件开发成本，同时提高开发效率和质量。例如，使用开源代码库和框架可以避免重复造轮子，快速搭建应用程序的基础架构。此外，使用自动化测试和部署工具可以减少手动测试和部署的时间和人力成本，提高软件交付效率和质量。

加强软件测试和质量控制：加强软件测试和质量控制，确保软件开发符合高质量和稳定性的标准。例如，采用自动化测试和持续集成技术来加强软件测试和质量控制。自动化测试可以减少测试成本和时间，并提高测试的覆盖率和准确性。持续集成则可以让开发人员在开发过程中不断集成和测试代码，以确保代码质量和稳定性。这些措施可以提高软件开发的效率和质量，同时减少人为因素对软件质量的影响。

14.4　小结

总的来说，软件开发面临的未来展望和挑战是非常复杂和多样化的。未来软件开发将更加注重速度、效率、安全和用户体验，并且将继续逐步向云原生应用程序方向转变。同时，软件开发人员将面临更多的安全、复杂性、用户体验和可用性、法律和道德责任、竞争压力等挑战。为了应对这些挑战，开发人员需要采取一系列措施，包括加强安全和隐私保护、持续学习新技术和工具、采用水母开发模式、采用云原生开发方法、合理控制软件开发成本，并加强软件测试和质量控制等。只有这样，我们才能确保软件开发符合高质量和稳定性的标准，并在未来竞争中获得优势。

相关资源与工具推荐

1. 智能画图工具 Midjourney

Midjourney 是一款智能画图工具，可以帮助 UI/UX 设计师尝试不同的设计风格，生成各种效果图。UI/UX 设计师在项目开发过程中，通过与 ChatGPT 的反复迭代获取产品设计方案，然后把关于这个方案的具体描述提交给 Midjourney 生成图片。接着，设计师与项目团队的其他成员共同评价并选择最终的界面设计。想要了解更多关于 Midjourney 的信息，请直接访问 Midjourney 网站。

2. UI 设计稿智能生成源代码工具 CodeFun

CodeFun 是一款 UI 设计稿智能生成源代码工具，可以将 Sketch、Photoshop 的设计稿智能转换为前端代码，最大特色是可以精准还原设计稿，不再需要反复 UI 设计师走查。另外，它还可以帮助设计师把选定的设计稿生成代码。CodeFun 的使用并不局限于特定的团队规模和业务形态，只要开发团队有前端开发需求。想要了解更多关于 Code.Fun 的信息，请访问 https://code.fun。

3. 互联网图片存储工具图床

图床是用来在互联网上存储图片，支持对相关链接进行分享的工具。在与 ChatGPT 互动的时候，我们往往需要把一些设计草稿或者设计思路交给 ChatGPT 去做辅助分析，以便获得更多的意见和建议。类似图床这样的在线图片分享网站，可以为 ChatGPT 提供存储图片的链接，以便把希望分析的图片提交给 ChatGPT。想要更多地了解图床，请访问 https://imgloc.com。

4. 互联网文档存储服务 Google Drive

Google Drive 是谷歌公司推出的一项在线云存储服务。通过这项服务，用户可以获得 15GB 的免费存储空间。同时，用户如果有更大的存储需求，可以通过付费的方式获得更大的存储空间。用户可以通过统一的谷歌账户登录，将大段的文字，甚至一本书的全文都存在这个网络磁盘上，然后通过授权分享，把链接地址提交给 ChatGPT，以完成包括翻译、分析和纠错在内的各种文本处理工作。

5. 存储互动对话上下文的浏览器插件 Superpower ChatGPT

在 Google Chrome 中，用户可以通过选择 Home → Extension → Superpower ChatGPT 安装该插件。它支持在本地同步聊天记录、搜索聊天历史、导出所有聊天消息、置顶消息，并支持访问数千个提示。

6. 可以与 ChatGPT 语音互动的浏览器插件

在 Google Chrome 中，用户可以通过选择 Home → Extension → Voice Control for ChatGPT 安装该插件。它可以扩展 ChatGPT，使其具备语音控制和朗读功能。

TMS 需求分析文档

用户需求分析报告

一、项目背景

某支付公司计划开发 TMS，用以管理部署在各地的 POS 机。主要目的是更好地开展信用卡收单业务，有效管理大量为商户配置的 POS 机。

二、需求概述

服务对象：支付公司部署在各地的 POS 机。

目标用户：支付公司内部的 POS 机管理者。

用户规模：5 个 POS 机管理员。

终端数量：目前已经有 100 万台 POS 机。

性能要求：50 个并发请求，3 s 响应。

安全要求：能通过 PCI-DSS 认证和品牌认证。

扩展要求：可以随着业务的发展无障碍扩展。

三、功能层次划分

核心功能层：设备管理、参数管理、软件管理和密钥管理。

支撑功能层：远程支持、通知管理、日志管理和用户管理。

四、功能模块说明

核心功能层

设备管理：设备信息查询、设备状态监控、设备远程操作。

参数管理：参数设置、参数更新、参数查询。

软件管理：软件版本控制、软件更新、软件安装和卸载。

密钥管理：密钥生成、密钥更新、密钥分发、密钥注销。

支撑功能层

远程支持：远程连接 POS 机、远程维护等功能。

日志管理：日志收集、日志分析、日志报告。

通知管理：故障通知、更新通知、安全通知。

用户管理：单点登录、权限管理、用户认证。

五、优先级划分

（1）必须优先实现核心功能层。

（2）可以后续实现支撑功能层。

六、风险与挑战

安全风险：金融 POS 机涉及敏感信息，因此安全性要求较高。在开发过程中需要严格遵守 PCI-DSS 认证和品牌认证要求，确保系统安全性。

性能要求：TMS 需要满足 50 个并发请求和 3 s 响应的性能要求，这将对系统架构和性能优化提出挑战。

系统集成：与日志处理服务（CAL）、通知发送服务（CNS）和单点登录服务（SSO）集成。在开发过程中，开发人员需要考虑系统间的兼容性和数据交换问题。

可扩展性：随着业务的发展，TMS 需要具备良好的可扩展性，以支持更多的 POS 机和用户。在设计和开发过程中，需要考虑系统的可扩展性和可维护性。

七、结论

本报告详细分析了支付公司计划开发的 TMS 项目，包括功能层次划分、功能模块说明和优先级划分等。实施建议为分阶段实现核心功能层和支撑功能层，并持续优化与扩展。同时，报告指出项目实施过程中可能面临的风险与挑战，包括安全风险、性能要求、系统集成和可扩展性等。为了确保项目顺利进行和系统稳定运行，建议支付公司在开发过程中重视这些问题，并采取相应的措施加以应对。

需求规格说明书

1 引言

1.1 编写目的

本需求规格说明书旨在明确支付公司计划开发的终端管理系统（TMS）的功能需求、性能需求、界面需求、数据需求、安全需求以及接口需求等方面的详细信息。本文档将作为项目开发团队、测试团队和客户沟通的基础，确保项目顺利进行和达到预期目标。

1.2 背景信息

某支付公司计划开发 TMS，用以管理部署在各地的 POS 机。主要目的是更好地开展信用卡收单业务，有效管理大量为商户配置的 POS 机。

1.3 项目范围

本项目的主要目标是实现支付公司内部 POS 机的有效管理，包括设备管理、参数管理、软件管理和密钥管理等。同时，系统还需与已有的商户信息系统、中央应用日志（CAL）服务（以下简称日志处理服务）、通知发送服务（CNS）和单点登录（SSO）服务集成。在满足基本功能需求的基础上，确保系统具备良好的性能、安全性和可扩展性。

1.4 文档概述

本文档将详细描述 TMS 的各项需求，具体如下。

功能需求：描述系统需要实现的各项功能。

性能需求：描述系统在运行过程中需要满足的性能指标。

界面需求：描述系统用户界面和管理员界面的设计要求。

数据需求：描述系统对数据存储、备份和迁移的需求。

安全需求：描述系统在安全方面需要遵循的规范和采取的措施。

接口需求：描述系统与其他系统之间通信的接口要求。

1.5　术语和缩略语解释

TMS：Terminal Management System，终端管理系统。

POS：Point of Sale，销售点，即收银终端。

PCI-DSS：Payment Card Industry Data Security Standard，支付卡行业数据安全标准。

CAL：Central Application Logging，中央应用日志。

CNS：Central Notification Service，通知发送服务。

SSO：Single Sign-On，单点登录。

2　总体描述

2.1　产品概述

本项目旨在为支付公司开发一个终端管理系统（TMS），用于管理部署在各地的 POS 机。该系统将帮助支付公司更有效地开展信用卡收单业务。TMS 的目标用户为支付公司内部的 POS 机管理者，主要功能包括设备管理、参数管理、软件管理、密钥管理等。

2.2　系统架构

TMS 采用分布式架构，包括前端界面、后端服务器和数据库 3 个主要部分。前端界面为用户提供友好的操作界面；后端服务器负责处理业务逻辑和与其他系统的集成；数据库负责存储系统的数据。

2.3　系统组成模块

TMS 主要由以下模块组成。

核心功能层：包括设备管理、参数管理、软件管理和密钥管理模块。

支撑功能层：包括与商户信息系统、日志处理服务、通知发送服务和单点登录服务集成。

2.4　用户角色及其职责

TMS 主要面向以下用户角色。

POS 机管理员：负责管理部署在各地的 POS 机，包括设备管理、参数管理、软件管理和密钥管理等。

系统管理员：负责维护 TMS，包括系统配置、性能优化、安全维护等。

商户：通过与商户信息系统集成，实时同步商户信息，以便 POS 机管理员进行设备管理。

2.5 操作环境

TMS 支持在以下环境中运行。

计算环境：基于云服务的容器管理平台。

数据库：MySQL 数据库。

网络环境：支持与商户信息系统、日志处理服务、通知发送服务和单点登录服务的集成。

系统资源：满足 50 个并发请求和 3s 响应的性能要求。

3 功能需求

3.1 核心功能层

3.1.1 设备管理

设备管理功能主要包括设备信息查询、设备状态监控、设备远程操作等。用户可以在设备管理界面查询部署在各地的 POS 机的基本信息，实时监控设备的运行状态，以及在需要时对设备进行远程操作，如重启、关闭等。

3.1.2 参数管理

参数管理功能包括参数设置、参数更新和参数查询等。用户可以在参数管理界面设置和调整 POS 机的运行参数，实时更新设备参数，以确保设备正常运行。同时，用户还可以查询设备的当前参数设置，以便进行参数调优或故障排查。

3.1.3 软件管理

软件管理功能包括软件版本控制、软件更新、软件安装和卸载等。用户可以在软件管理界面查看 POS 机上安装的软件版本，执行软件更新操作，以及在需要时安装或卸载软件，以确保 POS 机上的软件始终保持最新版本，提高设备的安全性和稳定性。

3.1.4 密钥管理

密钥管理功能主要包括密钥生成、密钥更新、密钥分发和密钥注销等。用户可以在密钥管理界面生成和更新 POS 机所需的密钥信息，实现密钥的安全分发，并在必要时对密钥执行注销操作。此功能对于保障 POS 机的安全至关重要。

3.2 支撑功能层

3.2.1 远程支持

远程支持功能支持管理员可以远程连接到 POS 机，为商户提供实时的技术支持和问题解决。这有助于提高客户满意度，降低维护成本。

3.2.2　日志管理

日志管理功能是通过与日志处理服务集成，实现日志收集、日志分析和日志报告等。用户可以在日志管理界面查看和分析 POS 机的运行日志，以便及时发现和解决设备问题。

3.2.3　用户管理

用户管理功能是通过与单点登录服务集成，实现单点登录、权限管理和用户认证等。管理员可以在用户管理界面为不同角色的用户分配不同的权限，确保系统安全性。

3.2.4　通知管理

通知管理功能是通过与通知发送服务集成，实现故障通知、更新通知和安全通知等。用户可以在通知管理界面查看和处理来自 POS 机的各种通知，确保设备的正常运行和安全。

4　性能需求

4.1　响应时间

响应时间是衡量系统性能的关键指标之一。为了提供良好的用户体验，TMS 应保证在各种操作场景下的快速响应，具体要求如下。

设备管理操作的响应时间不得超过 2s。

参数管理操作的响应时间不得超过 1s。

软件管理操作的响应时间不得超过 3s。

密钥管理操作的响应时间不得超过 1s。

其他支撑功能操作的响应时间不得超过 2s。

4.2　吞吐量

吞吐量是指系统在单位时间内处理请求的数量。TMS 应具备较高的吞吐量，以支持大规模的 POS 机管理，具体要求如下。

系统应能支持至少 1000 台 POS 机同时在线。

系统应能支持每秒至少 100 次的设备操作请求。

系统应能支持每秒至少 50 次的参数、软件和密钥管理请求。

4.3　可用性

可用性是衡量系统可靠性和稳定性的重要指标。TMS 应具备高可用性，以确保用户可以随时访问和使用，具体要求如下。

系统应保证 99.9% 的正常运行时间。

系统应能在故障发生后尽快恢复正常运行，故障恢复时间不得超过 30min。

系统应提供数据备份与恢复功能，确保数据安全。

4.4 可扩展性

可扩展性是指系统在面对不断增加的用户需求和业务需求时，能够通过扩展资源来提升处理能力。TMS 应具备良好的可扩展性，以适应未来业务的发展，具体要求如下。

系统应支持横向扩展，以应对不断增加的设备和用户数量。

系统应支持纵向扩展，以提高单个模块的处理能力。

系统应具备模块化设计，方便在未来根据业务需求增加新功能。

5 界面需求

5.1 用户界面

为了提供良好的用户体验，TMS 的用户界面应具备以下特点。

界面设计简洁、美观，易于操作。

提供清晰的导航结构，方便用户快速定位到所需功能。

各操作页面应提供明确的错误信息提示，便于用户理解和纠正操作。

界面应采用良好的响应式设计，以便在不同尺寸和分辨率的设备上呈现。

5.2 硬件接口

TMS 应与 POS 机的硬件接口兼容，以实现设备管理、参数管理、软件管理和密钥管理等功能。硬件接口要求如下：

支持 POS 机常见接口类型，如 USB、串行、以太网等。

支持 POS 机的设备信息读取、参数配置、软件升级和密钥更新等操作。

5.3 软件接口

TMS 需要与以下软件服务进行集成。

日志处理服务：TMS 应通过 CAL 接口实现日志管理功能。

单点登录服务：TMS 应通过 SSO 接口实现用户管理和认证功能。

通知发送服务：TMS 应通过 CNS 接口实现通知管理功能。

对于每个软件接口，提供详细的接口文档，包括接口定义、数据格式、通信协议等信息，以便开发工程师进行集成。

5.4　通信协议

TMS应支持以下通信协议，以实现与POS机、CAL、SSO和CNS等接口的数据传输。

支持HTTP、HTTPS，以便与POS机和第三方服务进行通信。

支持TCP/IP，以便与POS机建立稳定、高效的数据通道。

支持WebSocket协议，以便实时通信和推送通知。

6　数据需求

6.1　数据定义

TMS涉及的数据包括设备信息、参数配置、软件版本、密钥、用户信息、操作日志和通知消息等。针对这些数据，我们需要定义清晰的数据结构和字段，以便存储、查询和处理。数据定义应遵循一致性和易于理解的原则，以便后续开发和维护。

6.2　数据流程

TMS的数据流程涉及数据的创建、查询、更新、删除等。为了确保数据流程的正确性和高效性，我们应设计合理的数据流程图，明确各操作的先后顺序和依赖关系，此外，应确保数据流程与系统的功能需求和性能需求相一致，以实现系统的整体优化。

6.3　数据完整性

为了确保数据的正确性和一致性，TMS应支持严格的数据完整性检查，具体措施如下。

对输入数据进行有效性验证，防止非法数据进入系统。

对关键数据设置唯一性约束，避免数据重复。

使用事务处理机制，确保多个操作在同一个事务中完成，以保证数据一致性。

6.4　数据安全性

TMS应支持采取一系列措施来确保数据安全，具体措施如下。

使用加密技术对敏感数据（如密码、密钥等）进行加密存储。

限制对敏感数据的访问权限，确保只有授权用户可以访问。

实施安全审计机制，对数据操作进行监控和记录，以便追踪和分析安全事件。

6.5 数据备份和恢复

为了防止数据丢失和数据故障，TMS应支持实施数据备份和恢复策略，具体措施如下。

定期对系统数据进行备份，以防止数据丢失。

将备份数据存储在安全、可靠的存储介质上，以防数据被损坏。

设计并实施数据恢复流程，确保在发生故障时能够迅速恢复系统数据。

7 安全需求

7.1 访问控制

TMS应支持实施严格的访问控制策略，以确保系统资源免受未经授权用户的访问和篡改。访问控制的主要措施如下。

用户身份验证：确保只有经过身份验证的用户才能访问系统资源。

角色权限管理：为不同角色的用户分配不同的访问权限，确保用户只能访问被授权的资源。

访问控制列表：定义资源的访问权限，以确保只有具备相应权限的用户可以执行特定操作。

7.2 安全审计

TMS应支持实施安全审计机制，对用户操作进行记录和监控。安全审计的主要目的是及时发现和分析安全事件，从而采取相应的应对措施，具体措施如下。

操作日志记录：记录用户操作和系统事件，以便追踪和分析。

审计日志审查：定期审查审计日志，以发现潜在的安全问题。

报警和通知：在发现异常操作或安全事件时，立即报警并通知相关人员。

7.3 数据保密

TMS应支持实施数据保密措施，以确保数据隐私性，防止敏感数据被泄露。数据保密的主要措施如下。

数据加密：对敏感数据（如密码、密钥等）进行加密存储和传输。

数据脱敏：在展示或导出数据时，对敏感信息进行脱敏处理。

数据隔离：根据数据的敏感性，将数据存储在不同的安全区域。

7.4 安全性标准和认证

TMS应支持实施国家和行业的安全性标准和认证措施，以确保安全性符合相关要求，具体措施如下。

遵循国家和行业的安全法规、标准和规范。

对系统定期进行安全评估和审查，以确保安全性符合要求。

根据需要，获取相关安全性认证，如 ISO 27001、PCI DSS 等。

8　接口需求

8.1　系统集成

为了实现 TMS 与现有系统及第三方服务的无缝集成，本项目需考虑以下系统集成需求。

与单点登录服务集成：实现用户身份验证和授权，简化用户登录流程。

与日志处理服务集成：统一处理日志信息，便于日志分析和管理。

与通知发送服务集成：实现系统通知的发送，提高通知到达率。

遵循开放 API 标准：确保 TMS 可以轻松与其他系统集成，提高系统间互操作性。

8.2　数据交换和兼容性

为了确保 TMS 与其他系统间数据交换的顺畅和兼容性，本项目需考虑以下数据交换和兼容性需求。

数据交换格式：采用通用数据交换格式（如 JSON、XML 等），便于与其他系统进行数据交换。

数据编码：使用统一的字符编码（如 UTF-8），确保数据在不同系统间传输时不出现乱码问题。

数据接口规范：遵循 RESTful API 设计原则，提供易于理解和使用的数据接口。

数据版本控制：为数据接口提供版本控制，确保接口升级时与现有系统的兼容性。

9　系统维护与支持

9.1　维护策略

为了确保 TMS 的稳定运行和长期可靠性，本项目需要制定有效的维护策略。维护策略主要包括以下几方面。

定期更新：定期对系统进行更新，修复已知的漏洞，提升系统性能。

备份与恢复：定期备份数据，确保数据安全，以便在系统本地数据出现故障时能够迅速恢复。

监控与诊断：对系统进行实时监控，确保系统稳定运行，及时发现并解决潜在问题。

预防性维护：定期进行系统巡检和优化，预防故障发生，延长系统寿命。

9.2　技术支持

为了保证用户能够正常使用 TMS 并解决使用过程中遇到的问题，本项目需提供全方位的技术支持服务。

技术支持渠道：提供多种技术支持渠道，如电话、邮件、在线客服等，以满足用户的不同需求。

响应时间：确保技术支持服务能够在规定的时间内响应用户的请求，及时解决用户问题。

技术支持文档：提供完善的技术支持文档，包括用户手册、FAQ 等，方便用户自行查找解决方案。

9.3　用户培训

为了提高用户对 TMS 的满意度，本项目需要为用户提供系统操作培训。

培训方式：提供线上和线下两种培训方式，以满足用户的不同需求。

培训内容：培训内容应涵盖 TMS 的主要功能和操作流程，确保用户能够熟练操作系统。

培训效果评估：通过对用户进行测试，确保培训效果达到预期，提高用户使用技能。

10　附录

10.1　参考文献

在编写《需求规格说明书》过程中，以下文献提供了宝贵的参考。

[1]　IEEE. IEEE Std 830-1998, IEEE Recommended Practice for Software Requirements Specifications. IEEE Computer Society, 1998.

[2]　Leffingwell, Dean, Don Widrig. Managing Software Requirements: A Use Case Approach. Addison-Wesley Professional, 2003.

[3]　Wiegers, Karl E. Software Requirements. Microsoft Press, 2013.

[4]　Cohn, Mike. User Stories Applied: For Agile Software Development. Addison-Wesley Professional, 2004.

请注意，这些参考文献仅作为示例，实际参考文献应根据项目需求和相关资料进行调整。

10.2　修订历史

本《需求规格说明书》经过多次修订，以下是修订历史。

版本 1.0：2023 年 4 月 8 日，初稿。

在后续项目开发过程中，我们可能会根据实际需求和反馈继续修订《需求规格说明书》。每次修订都应记录在修订历史中，以保持文件的完整性和准确性。

TMS 架构设计文档

1. 系统概述

用户需求

某支付公司计划开发终端管理系统（TMS），主要是为了更好地开展信用卡收单业务，有效管理大量为商户配置的 POS 机。

系统目标

实现对部署在各地的 POS 机进行有效的管理和维护，提高信用卡收单业务的效率和安全性。

系统功能

核心功能层：软件管理、密钥管理、设备管理、参数管理。

支撑功能层：远程支持、日志管理、通知管理、用户管理。

2. 架构风格

微服务架构：采用微服务架构，将系统拆分成多个独立的服务，以提高系统的可维护性和可扩展性。

3. 模块划分

模块名称	模块描述
设备管理	提供设备信息查询、设备状态监控、设备远程操作等功能
参数管理	提供参数设置、参数更新、参数查询等功能
软件管理	提供软件版本控制、软件更新、软件安装和卸载等功能
密钥管理	提供密钥生成、密钥更新、密钥分发、密钥注销等功能
远程支持	提供远程连接 POS 机、远程维护等功能
日志管理	提供 POS 机的运行日志记录、日志查询等功能
通知管理	提供系统更新通知、设备维护通知、操作提示等功能
用户管理	提供用户注册、登录、权限分配、信息查询和修改等功能

4. 模块详细描述

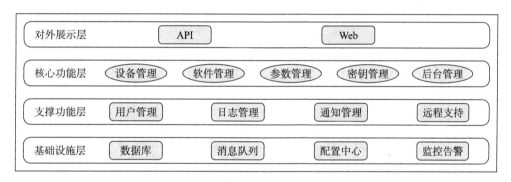

核心功能

设备管理模块：该模块用于管理部署在各地的 POS 机，具体功能包括设备信息查询、设备状态监控、设备远程操作等。管理员可以通过该模块对设备进行管理和维护，实时获取设备的状态信息，及时发现并处理设备异常。

参数管理模块：该模块用于管理 POS 机的参数，具体功能包括参数设置、参数更新、参数查询等。管理员可以通过该模块对 POS 机的参数进行统一管理和配置，确保 POS 机的各项参数在合适的范围内，以提高收单业务的效率和安全性。

软件管理模块：该模块用于管理部署在各地的 POS 机上的软件，具体功能包括软件版本控制、软件更新、软件安装和卸载等。管理员可以通过该模块对 POS 机上的软件进行升级和管理，确保 POS 机上的软件始终处于最新版本。

密钥管理模块：该模块用于管理 POS 机的密钥，具体功能包括密钥更新、密钥生成、密钥分发、密钥注销等。管理员可以通过该模块对POS机的密钥进行管理，确保POS机的密钥安全可靠，提高收单业务的安全性和可信度。

支撑功能

远程支持模块：该模块用于远程连接POS机，实现远程维护等。管理员可以通过该模块对POS机进行远程支持和操作，以降低运维成本和提高维护效率。

日志管理模块：该模块用于记录POS机的运行日志并支持日志查询。管理员可以通过该模块查询POS机的运行日志，以便及时发现并处理POS机异常。

通知管理模块：该模块用于发送系统更新通知、设备维护通知、操作提示等信息。管理员可以通过该模块向POS机用户发送通知信息，以提高POS机用户的体验和维护效率。

用户管理模块：该模块用于管理系统的用户，包括用户注册、登录、权限分配、信息查询和修改等功能。管理员可以通过该模块对系统用户进行管理和维护，确保系统的安全性和可靠性。

5. 模块命名规范与缩写

模块名称	英文缩写	英文全称	模块名称	英文缩写	英文全称
设备管理	DM	Device Management Module	远程支持	RS	Remote Support Module
参数管理	PM	Parameter Management Module	日志管理	LM	Log Management Module
软件管理	SM	Software Management Module	通知管理	NM	Notification Management Module
密钥管理	KM	Key Management Module	用户管理	UM	User Management Module

6. 各个功能模块的接口定义

设备管理（Device_Management）操作名称定义如下。

查询设备信息：DM_GetDeviceInfo。

监控设备状态：DM_MonitorDeviceStatus。

远程操作设备：DM_RemoteDeviceOperation。

添加设备：DM_AddDevice。

删除设备：DM_RemoveDevice。

设备管理模块接口定义如下。

查询设备信息（DM_GetDeviceInfo）接口定义如下。

输入参数	输出参数	处理逻辑
设备ID	设备信息（包括设备状态、型号、位置等）	根据设备ID查找设备信息，返回相关设备信息

监控设备状态（DM_MonitorDeviceStatus）接口定义如下。

输入参数	输出参数	处理逻辑
设备ID	设备状态	根据设备ID获取设备状态，返回设备当前状态

远程操作设备（DM_RemoteDeviceOperation）接口定义如下。

输入参数	输出参数	处理逻辑
设备ID、远程操作指令	操作结果（成功或失败）	根据设备ID和远程操作指令对设备进行远程操作，返回操作结果

添加设备（DM_AddDevice）接口定义如下。

输入参数	输出参数	处理逻辑
设备信息（包括设备ID、型号、位置等）	操作结果（成功或失败）	根据输入的设备信息将新设备添加到系统中，返回操作结果

删除设备（DM_RemoveDevice）接口定义如下。

输入参数	输出参数	处理逻辑
设备ID	操作结果（成功或失败）	根据设备ID从系统中移除设备，返回操作结果

参数管理（Parameter_Management）操作名称定义如下。

设置参数：PM_SetParameter。

更新参数：PM_UpdateParameter。

查询参数：PM_GetParameter。

参数管理模块接口定义如下。

设置参数（PM_SetParameter）接口定义如下。

输入参数	输出参数	处理逻辑
设备ID、参数名称、参数值	操作结果（成功或失败）	根据设备ID和参数名称设置指定设备的参数值，返回操作结果

更新参数（PM_UpdateParameter）接口定义如下。

输入参数	输出参数	处理逻辑
设备ID、参数名称、新参数值	操作结果（成功或失败）	根据设备ID和参数名称更新指定设备的参数值，返回操作结果

查询参数（PM_GetParameter）接口定义如下。

输入参数	输出参数	处理逻辑
设备ID、参数名称	参数值	根据设备ID和参数名称查询指定设备的参数值，返回参数值

软件管理（Software_Management）操作名称定义如下。

控制软件版本：SM_ControlSoftwareVersion。

更新软件：SM_UpdateSoftware。

安装软件：SM_InstallSoftware。

卸载软件：SM_UninstallSoftware。

软件管理模块接口定义如下。

控制软件版本（SM_ControlSoftwareVersion）接口定义如下。

输入参数	输出参数	处理逻辑
设备ID、软件名称、软件版本	操作结果（成功或失败）	根据设备ID和软件名称控制指定设备上的软件版本，返回操作结果

更新软件（SM_UpdateSoftware）接口定义如下。

输入参数	输出参数	处理逻辑
设备ID、软件名称、新软件版本	操作结果（成功或失败）	根据设备ID和软件名称更新指定设备上的软件版本，返回操作结果

安装软件（SM_InstallSoftware）接口定义如下。

输入参数	输出参数	处理逻辑
设备ID、软件名称、软件版本	操作结果（成功或失败）	根据设备ID和软件名称安装指定版本的软件，返回操作结果

卸载软件（SM_UninstallSoftware）接口定义如下。

输入参数	输出参数	处理逻辑
设备ID、软件名称	操作结果（成功或失败）	根据设备ID和软件名称卸载指定设备上的软件，返回操作结果

密钥管理（Key_Management）操作名称定义如下。

生成密钥：KM_GenerateKey。

更新密钥：KM_UpdateKey。

分发密钥：KM_DistributeKey。

注销密钥：KM_RevokeKey。

密钥管理模块接口定义如下。

生成密钥（KM_GenerateKey）接口定义如下。

输入参数	输出参数	处理逻辑
设备 ID	生成的密钥	根据设备 ID 为指定设备生成新的密钥，返回生成的密钥

更新密钥（KM_UpdateKey）接口定义如下。

输入参数	输出参数	处理逻辑
设备 ID	操作结果（成功或失败）	根据设备 ID 为指定设备更新密钥，返回操作结果

分发密钥（KM_DistributeKey）接口定义如下。

输入参数	输出参数	处理逻辑
设备 ID、密钥	操作结果（成功或失败）	根据设备 ID 将密钥分发到指定设备，返回操作结果

注销密钥（KM_RevokeKey）接口定义如下。

输入参数	输出参数	处理逻辑
设备 ID	操作结果（成功或失败）	根据设备 ID 注销指定设备的密钥，返回操作结果

远程支持（Remote_Support）操作名称定义如下。

远程连接 POS 机：RS_ConnectToPOS。

远程维护 POS 机：RS_MaintainPOS。

远程支持模块接口定义如下。

远程连接 POS 机（RS_ConnectToPOS）接口定义如下。

输入参数	输出参数	处理逻辑
设备 ID	连接状态（成功或失败）	根据设备 ID 远程连接到指定的 POS 机，返回连接状态

远程维护 POS 机（RS_MaintainPOS）接口定义如下。

输入参数	输出参数	处理逻辑
设备 ID、维护操作指令	操作结果（成功或失败）	根据设备 ID 和维护操作指令对指定的 POS 机进行远程维护，返回操作结果

日志管理（Log_Management）操作名称定义如下。

记录运行日志：LM_RecordLog。

查询运行日志：LM_QueryLog。

日志管理模块接口定义如下。

记录运行日志（LM_RecordLog）接口定义如下。

输入参数	输出参数	处理逻辑
设备 ID、日志内容	操作结果（成功或失败）	根据设备 ID 和日志内容记录指定设备的运行日志，返回操作结果

查询运行日志（LM_QueryLog）接口定义如下。

输入参数	输出参数	处理逻辑
设备 ID、查询条件（可选）	查询到的日志记录	根据设备 ID 和查询条件（如时间范围、日志级别等），查询指定设备的运行日志

通知管理（Notification_Management）操作名称定义如下。

发送系统更新通知：NM_SendSystemUpdateNotification。

发送设备维护通知：NM_SendDeviceMaintenanceNotification。

发送操作提示通知：NM_SendOperationTips。

通知管理模块接口定义如下。

发送系统更新通知（NM_SendSystemUpdateNotification）接口定义如下。

输入参数	输出参数	处理逻辑
更新内容、接收用户	操作结果（成功或失败）	根据更新内容和接收用户发送系统更新通知，返回操作结果

发送设备维护通知（NM_SendDeviceMaintenanceNotification）接口定义如下。

输入参数	输出参数	处理逻辑
维护内容、接收用户	操作结果（成功或失败）	根据维护内容和接收用户发送设备维护通知，返回操作结果

发送操作提示通知（NM_SendOperationTips）接口定义如下。

输入参数	输出参数	处理逻辑
提示内容、接收用户	操作结果（成功或失败）	根据提示内容和接收用户发送操作提示，返回操作结果

用户管理（User_Management）操作名称定义如下。

用户注册：UM_RegisterUser。

用户登录：UM_LoginUser。

分配用户权限：UM_AssignUserPermissions。

查询用户信息：UM_GetUserInfo。

修改用户信息：UM_UpdateUserInfo。

用户管理模块接口定义如下。

用户注册（UM_RegisterUser）接口定义如下。

输入参数	输出参数	处理逻辑
用户名、密码、邮箱	操作结果（成功或失败）	根据用户名、密码和邮箱创建新用户，返回操作结果

用户登录（UM_LoginUser）接口定义如下。

输入参数	输出参数	处理逻辑
用户名、密码	操作结果（成功或失败）	根据用户名和密码验证用户身份，返回操作结果

分配用户权限（UM_AssignUserPermissions）接口定义如下。

输入参数	输出参数	处理逻辑
用户ID、分配的权限列表	操作结果（成功或失败）	根据用户ID和分配的权限列表为用户分配相应权限，返回操作结果

查询用户信息（UM_GetUserInfo）接口定义如下。

输入参数	输出参数	处理逻辑
用户ID	用户信息（包括用户名、权限等）	根据用户ID查询用户信息，返回相关用户信息

修改用户信息（UM_UpdateUserInfo）接口定义如下。

输入参数	输出参数	处理逻辑
用户ID、修改的用户信息	操作结果（成功或失败）	根据用户ID和修改的用户信息更新用户信息，返回操作结果

7. 数据库设计

数据模型设计如下。

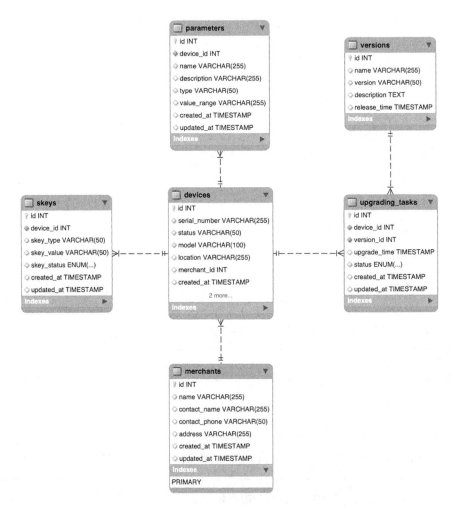

设备表（devices）包含设备 ID（id）、设备序列号（serial_number）、设备状态（status）、设备型号（model）、设备位置（location）、所属商户 ID（merchant_id）、创建时间（created_at）、更新时间（updated_at）。

商户表（merchants）包含商户 ID（id）、商户名称（name）、商户联系人（contact_name）、商户联系电话（contact_phone）、商户地址（address）、创建时间（created_at）、更新时间（updated_at）。

参数表（parameters）包含参数 ID（id）、设备 ID（device_id）、参数名称（name）、参数描述（description）、参数类型（type）、取值范围（value_range）、创建时间（created_ at）、更新时间（updated_at）。

软件版本表（versions）包含版本 ID（id）、软件名称（name）、软件版本号（version）、软件描述（description）、发布时间（release_time）。

软件更新表（upgrading_tasks）包含任务 ID（id）、设备 ID（device_id）、版本 ID（version_id）、升级时间（upgrade_time）、任务状态（status，包括创建、进行中、成功、失败）、创建时间（created_at）、更新时间（updated_at）。

密钥表（skeys）包含密钥 ID（id）、设备 ID（device_id）、密钥类型（skey_type）、密钥值（skey_value）、密钥状态（skey_status）、创建时间（created_at）、更新时间（updated_at）。

界面设计如下。

8. 技术选型

技术选型涉及编程语言、框架、数据库、消息队列、缓存、容器和虚拟化、持续集成和持续部署（CI/CD）工具、监控和日志分析等。关于如何进行技术选型，我们已在第 4 章讨论。这里只把 TMS 技术选型结果展示出来，以保证架构设计文档的完整性。

后端技术栈选择

编程语言：Golang。

Web 框架：Gin HTTP Web。

HTTP 库：net/http。

API 设计：RESTful 风格。

前端技术栈选择

前端框架：Vue 3。

PC 端 UI 组件库：Ant Design Vue / Element Plus。

移动端 UI 组件库：Vant（如需支持移动端访问）。

状态管理器：Pinia。

路由管理器：Vue Router。

类型检查器：TypeScript。

包管理器：pnpm。

构建工具：Vite。

规范检查工具：ESLint / Prettier。

9. 安全与可靠性设计

安全措施：采用 SSL、TLS、OAuth 2、JWT 等安全措施。

容错策略：采用分布式事务、重试机制、备份和恢复机制等容错策略。

备份和恢复机制：包括数据备份、数据恢复、灾备方案等。

10. 性能优化

算法优化：优化复杂度高的算法。

数据结构优化：采用合适的数据结构。

缓存策略优化：采用合适的缓存策略。

负载均衡：采用负载均衡技术。

并发控制：采用合适的并发控制方式。

资源管理：优化资源使用和管理方式。

11. 部署与运维

部署策略：采用自动化部署、灰度发布等策略。